我的动物朋友

侯红段 编著

水域精灵的奥秘

体验自然，探索世界，关爱生命——我们要与那些野生的动物交流，用我们的语言、行动、爱心去关怀理解并尊重它们。

延边大学出版社

图书在版编目（CIP）数据

水域精灵的奥秘 / 侯红霞编著 . —延吉：延边大
学出版社，2013 . 4（2021 . 8 重印）
（我的动物朋友）
ISBN 978-7-5634-5544-7

Ⅰ . ①水…　Ⅱ . ①侯…　Ⅲ . ①水生动物—青年读物　②
水生动物—少年读物　Ⅳ . ① Q958.8-49

中国版本图书馆 CIP 数据核字 (2013) 第 087547 号

水域精灵的奥秘

编著：侯红霞

责任编辑：孙淑芹

封面设计：映像视觉

出版发行：延边大学出版社

社址：吉林省延吉市公园路 977 号　邮编：133002

电话：0433-2732435　传真：0433-2732434

网址：http://www.ydcbs.com

印刷：三河市祥达印刷包装有限公司

开本：16K　165×230

印张：12 印张

字数：120 千字

版次：2013 年 4 月第 1 版

印次：2021 年 8 月第 3 次印刷

书号：ISBN 978-7-5634-5544-7

定价：36.00 元

前　言

　　人类生活的蓝色家园是生机盎然、充满活力的。在地球上，除了最高级的灵长类——人类以外，还有许许多多的动物伙伴。它们当中有的庞大、有的弱小，有的凶猛、有的友善，有的奔跑如飞、有的缓慢蠕动，有的展翅翱翔、有的自由游弋……它们的足迹遍布地球上所有的大陆和海洋。和人类一样，它们面对着适者生存的残酷，也享受着七彩生活的美好，它们都在以自己独特的方式演绎着生命的传奇。

　　在动物界，人们经常用"朝生暮死"的蜉蝣来比喻生命的短暂与易逝。因此，野生动物从不"迷惘"，也不会"抱怨"，只会按照自然的安排去走完自己的生命历程，它们的终极目标只有一个——使自己的基因更好地传承下去。在这一目标的推动下，动物们充分利用了自己的"天赋异禀"，并逐步进化成了异彩纷呈的生命特质。由此，我们才能看到那令人叹为观止的各种"武器"、本领、习性、繁殖策略等。

　　例如，为了保住性命，很多种蜥蜴不惜"丢车保帅"，进化出了断尾逃生的绝技；杜鹃既不孵卵也不育雏，而采用"偷梁换柱"之计，将卵产在画眉、莺等的巢中，让这些无辜的鸟儿白费心血养育异类；有一种鱼叫七鳃鳗，长大后便用尖利的牙齿和强有力的吸盘吸附在其他大鱼身上，靠摄取寄主的血液完成从变形到产卵的全过程；非洲和中南美洲的行军蚁能结成多达1000万只的庞大群体，靠集体的力量横扫一切……由此说来，所谓的狼的"阴险"、毒蛇的恐怖、鲨鱼的"凶残"，乃至老鼠令人头疼的高繁殖率、蚊子令人讨厌的吸血性等，都只是自然赋予它们的一种独特适应性而已，都是它们的生存之道。人是智慧而强有力的动物，但也只是自然界的一份子，我们应该用平等的眼光去看待自然界中的一切生灵，而不应时刻把自己当成所谓的万物的主宰。

人和动物天生就是好朋友，人类对其他生命形式的亲近感是一种与生俱来的天性，只不过许多人的这种亲近感被现实生活逐渐磨蚀或掩盖掉了。但也有越来越多的人，在现实生活的压力和纷扰下，渐渐觉得从动物身上更能寻求到心灵的慰藉乃至生命的意义。狗的忠诚、猫的温顺会令他们快乐并身心放松；而野生动物身上所散发出的野性特质及不可思议的本能，则令他们着迷甚至肃然起敬。

衷心希望本书的出版能让越来越多的人更了解动物，更尊重生命，继而去充分体味人与自然和谐相处的奇妙感受。并唤起读者保护动物的意识，积极地与危害野生动物的行为作斗争，保护人类和野生动物赖以生存的地球，为野生动物保留一个自由自在的家园。

编　者

2012.9

水域精灵的奥秘

目 录

第一章　丰姿多彩的鱼类家族

第二章　凶猛的水域霸王家族

第三章　无脊椎水域动物家族

第一章

丰姿多彩的鱼类家族

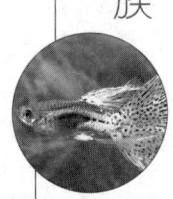

　　鱼是用鳃呼吸、用鳍游泳的水生脊椎动物的泛称。约5亿年前，地球上出现了最早的鱼形动物，揭开了脊椎动物史的序幕。从这一点看，它们是包括人类在内的所有脊椎动物的"远祖"。目前，世界上已知的鱼类约有3万种，是5万多种脊椎动物中种类最多的一类。鱼类是最古老的脊椎动物。它们几乎能适应地球上所有的水生环境，从淡水湖泊、河流到咸水大海和大洋，都能见到它们的身影。

会游泳的艺术品——锦鲤

中文名：锦鲤

英文名；Cryprinus carpiod

分布区域：主要分布在中国

锦鲤是红色鲤鱼的变种，红鲤传入日本后，经过改良，产生了色彩鲜艳的锦鲤。至今，全世界已有100多个品种的各色锦鲤。锦鲤不仅外观漂亮，而且存活率很高，在公园和庭院中被广泛养殖。

鲤科是所有鱼种中最大的一科，超过1400种鱼种。是风靡当今世界的一种高档观赏鱼，有"水中活宝石""会游泳的艺术品"的美称。由于它对水质要求不高，食性较杂，易繁殖，所以非常受人们的欢迎。

锦鲤生性温和，喜群游，易饲养，对水温适应性强。可生活于5℃~30℃水温环境，生长水温为21℃~27℃。锦鲤个体较大，体长可达1米，重10千克以上。性成熟为2~3龄。寿命长，平均约为70岁。于每年4~5月产卵。

锦鲤的生长速度会受到水的温度和饵料的充足与否的极大制约，此外，雌、雄锦鲤的生长也有很大的差异。大的锦鲤体长可达0.9米以上，日本曾出现过一条体长达1.25米的赤松叶锦鲤。不过，据记载，世界上最大的锦鲤体长1.50米，重达45千克。锦鲤的寿命一般在70年左右，算是一种相当长寿的鱼类。据记载，最长寿的锦鲤是日本的一尾名叫"花子"的绯鲤，它的寿命长达226年。与多数鱼类相同，锦鲤也是以测定鳞片的年轮数来测定年龄的。

红白锦鲤鱼的底色为白色，鱼体上映衬着红色斑纹。其中，红色斑纹在眼部之上的红白锦鲤，以及嘴部没有红色只有白色的红白锦鲤是比较珍贵的

品种。

　　锦鲤在经人工培育成功后，因为它的稀有珍贵，日本贵族便将其放在庭院中精心饲养，曾一度成为了皇宫贵族的观赏品，因此锦鲤又被称为"贵族鱼"。此外，锦鲤在日本还被称为"神鱼"。

　　龙凤锦鲤鱼又叫做凤尾锦鲤，是不可多得的观赏鱼中的上品。它有着独特的外型——头形似龙头，长有4条威武的长鱼须，尾鳍就像凤凰的尾巴一样。在水里游动时如蛟龙腾空，摆动尾巴时极像凤凰飞天。因此，人们把它看作是吉祥富贵的象征。

　　锦鲤是一种彩色的鲤鱼，因为鱼体表面色彩鲜艳、花色似锦，所以被称作"锦鲤"。

　　中国在明代就把红鲤作为观赏鱼饲养。后来，人们在饲养江鲤的过程中，发现这种鲤鱼会发生色变，根据红鲤容易变异的特点，经过选种、改良，培育出许多新品种，初称"花鲤"，后改称"锦鲤"。

"鱼中之凤"——孔雀鱼

中文名：孔雀鱼

英文名；guppy

别称：凤尾鱼

分布区域：委内瑞拉、圭亚那、西印度群岛等地

孔雀鱼又称为彩虹鱼、百万鱼，是一种非常容易饲养的热带淡水鱼。孔雀鱼有着丰富的色彩、多姿的形状和旺盛的繁殖力，而且性情温和，因此备受热带淡水鱼饲养者的青睐。

孔雀鱼是卵胎生鳉鱼的代表，有"百万鱼"之称，具有周期性的生产力，是初饲养观赏鱼者家中的常客。中国早期的孔雀鱼以东南亚进口及国内南部生产为主，它们都对水的硬度有很高的要求，并且都是采取室外培育，这样可以受到阳关的充分照射，从而拥有鲜艳的色泽。

孔雀鱼是最容易辨别雌雄的。雌鱼腹部比较大，在肛门前方有一块透明的胎斑，在将要生殖的时候胎斑成黑色。当雌孔雀鱼腹部膨大鼓出，近肛门处出现一块明显的黑色胎斑时，就是临产的征兆。而雄鱼的特点就是腹部较小，瘦长，最关键的就是它的臀鳍演变出交接器，用于繁殖时候输送精子。所以雄鱼的臀鳍前方的几根鳍条比较粗大，而雌鱼的臀鳍则是均匀的。

孔雀鱼的原产地是在委内瑞拉、圭亚那、南美洲的北部海岸地带和加勒比海上的岛屿。因为它适应环境的能力特别强，如今，世界各地都有人在饲养孔雀鱼。

　　孔雀鱼的繁殖能力很强，每月能繁殖1次。根据鱼体大小不同，小的孔雀鱼每次可以产10余尾仔鱼，大的孔雀鱼每次可以产70~80尾仔鱼，一年就可以产下上千尾仔鱼，"百万鱼"的称号也是由此而来的。

"速度之王"——旗鱼

中文名：旗鱼

英文名；Sailfish

别称：芭蕉鱼

分布区域：大西洋、印度洋及太平洋，印度尼西亚、日本、美国和中国的东海南部和南海等水域

　　旗鱼，又称芭蕉鱼，体长一般可达2～3米。旗鱼的整个外形呈圆筒形，侧面稍微扁一些；背部、腹缘处钝圆，显得比较平直。旗鱼有着又尖又长的呈枪状的吻；眼睛比较小，位于头部侧面，眼间隔宽平；口裂大，近于平直。旗鱼全身被有针状的鳞，尾鳍有着较深的分叉。旗鱼的头部及体背侧呈青蓝色，有灰白色圆斑横排列在背侧，腹部呈银白色，臀鳍呈灰色，除此之外其他的鳍为蓝黑色，有黑色圆斑密布在第一背鳍鳍膜上。

　　旗鱼的第一背鳍长得又长又高，前端上缘凹陷，它们竖展的时候，仿佛是船上扬起的一张风帆，又像是扯着的一面旗帜，因此人们叫它旗鱼。旗鱼的食物主要是小鱼和乌贼类等软体动物。

　　旗鱼属于太平洋热带及亚热带大洋性鱼类。通过体色，可以很容易的分辨出旗鱼的雌雄鱼，雄性旗鱼体色艳丽，身体上的星条纹散乱不齐；雌性旗鱼体色较暗，腹部宽大肥满。雌鱼的排卵期约为6~7天，每天可排卵10~20余粒左右。大约1周左右，仔鱼会陆续破膜而出。

　　旗鱼游动速度极快，是动物中的游泳冠军，平时速度达90千米/时，短距

离的速度约110千米/时。旗鱼游泳的时候，放下背鳍以减少阻力；长剑般的吻突，将水很快向两旁分开；不断摆动尾柄尾鳍，仿佛船上的推进器那样，加上它的流线形身躯、发达的肌肉，摆动的力量很大，于是就像离弦的箭那样飞速地前进了。

海豚也是游泳能手，时速约60多千米。但是，它却没有旗鱼游得快。根据游泳速度记录，海洋中的游泳能手的排名为：旗鱼、剑鱼、金枪鱼、大槽白鱼、飞鱼、鳟鱼，然后才轮到海豚。

在美国佛罗里达半岛大西洋海域，人们曾经观察记录了旗鱼的游速。有一条旗鱼，仅用了3秒钟的时间，就游了91.44米，合时速约110千米/时。

"假水蛇"——黄鳝

中文名：黄鳝

英文名；Yellow eel

别称：鳝鱼、田鳗

分布区域：中国、泰国、印度尼西亚、菲律宾等地

黄鳝，俗称"鳝鱼""田鳗"等，为温热带淡水底栖性鱼类。广泛分布于中国各地的湖泊、河流、水库、池沼、沟渠等水体中。除西北高原地区外，各地区均有记录，特别是珠江流域和长江流域，更是以盛产黄鳝而闻名。黄鳝体圆且细长，呈蛇形，一般体长25～40厘米，最大个体体长70厘米，体重1.5千克。其前部为圆筒形，后部渐侧扁，尾部尖细，头圆，唇发达，上下颌有细齿；眼小，有皮膜覆盖；左右鳃孔在腹面相连，身体上没有鳞片，无须，体表黏滑，体呈黄褐色，有不规则的黑色斑点，腹面为灰白色。

黄鳝具有性逆转的特性，即某一时期为雌性，另一时期就会变为雄性。据观察，第一次性成熟的个体绝大部分为雌性，产完卵后即变为雄性，以后终生保持雄性状态。黄鳝白天潜入泥底及池堤或石缝中，很少活动，夜间出穴觅食，活动频繁。黄鳝是肉食性鱼类，主要以浮游生物及水生昆虫为食，也捕食一些小鱼、小虾、蝌蚪等。黄鳝对食物很挑剔，食物不可口不吃，不新鲜也不吃。

黄鳝的鳃不发达，而借助口腔及喉腔的内壁表皮作为呼吸的辅助器官，能直接呼吸空气，在水中含氧量十分贫乏时，也能生存。出水后，只要保持皮肤潮湿，数日内亦不会死亡。黄鳝是以各种小动物为食的杂食性鱼类，性

贪，夏季摄食最为旺盛，寒冷季节可因长期不食而不至死亡。

黄鳝一般在6～8月处于生殖期，黄鳝在发育中可以雌雄性逆转。从胚胎期到初次性成熟时的黄鳝雌性的体长在35厘米以下，其生殖腺全为卵巢；性成熟后，黄鳝的体长约为36～48厘米，部分黄鳝的卵巢会逐渐变为精巢，发生性逆转，雌雄个体数量几乎相等；当黄鳝的体长长到53厘米以上后，则多为精巢。黄鳝一般在其穴居的洞口附近产卵。产卵前，黄鳝会先口吐泡沫堆成巢，然后把受精卵包在泡沫中，从而可以借助泡沫的浮力使受精卵得以在水面上发育，不管是雌鱼还是雄鱼，都有护巢的习性。

黄鳝还有冬眠的习性。每年秋冬时节，当水温下降到10℃以下时，它便会钻进洞穴，进入冬眠状态。第二年春天，水温回升到10℃以上时，它又会出穴活动和觅食。黄鳝还有一项特殊的本领，就是可以用口腔表皮直接呼吸空气中的氧气，即使离水较长时间也能存活。

鱼中之"狗"——狗鱼

中文名：狗鱼
英文名：Pikes , Amur pikc
别称：黑龙江狗鱼、河狗、鸭鱼
分布区域：主要分布于北半球

  狗鱼是一种生活在缓流的河川或湖沼中的淡水鱼，多生活于较寒冷地带，一般体长约0.4米，重约15千克，最大的长约2米，重达50千克。身体呈暗绿色，体表有黄色的花纹，背鳍和臀鳍在身体后部，上下对称排列，口大而扁平，类似于鸭嘴，下颌相对突出。它的牙齿与众不同，上颚齿可以伸出来并有韧带连着，这种锋利的牙齿可以把捕捉到的动物挂住，有时也把吃不完的食物挂在牙齿上，留着备用。狗鱼的鳞细小，侧线不明显。背鳍位置较后，接近尾鳍，与臀鳍相对，胸鳍和腹鳍较小。

  狗鱼是一种十分凶猛残忍的鱼类，它有着异常迅速、敏捷的行动力。据观察，狗鱼每小时能游8千米以上。狗鱼如此迅捷的行动力主要取决于它的侧线构造。狗鱼的侧线实际上是一列具有纵沟纹的鳞片，它有着震动感受点和化学感受点的双重作用。此外，狗鱼的视觉也极为灵敏，这对于它的捕猎十分有利。狗鱼喜游弋于宽阔的水面，也经常在水草丛生的沿岸出没，伺机以其矫健的行动袭击其他鱼类。狗鱼的幼鱼性情温顺，喜欢群居，成年后的狗鱼则喜欢单独栖息。

　　狗鱼一般在早晚觅食，其他时间都安静地潜伏着。狗鱼不喜欢到处游动，常常是静静地等候猎物上门。它们停在水草间，体色与周围的环境融为一体，很难分辨。当猎物接近时，它们就会突然跳出来并发动攻击。有时，在河流的浅水里，狗鱼还会顺流而下，不断摆动尾鳍，将水搅浑，然后趁机捕捉顺流而下的鱼儿，狠狠地将其咬死并吞食掉。它们这一招真可谓是"浑水摸鱼"。

　　狗鱼的食物主要是鱼类。狗鱼的颌内有着密密麻麻且向内弯曲生长的锐利牙齿，一旦咬住猎物，就决不松口，也很少有猎物可以摆脱它们的利嘴尖牙。狗鱼是淡水鱼中生性最凶猛、最粗暴的肉食性鱼类，它们不仅袭击其他鱼类，有时还会袭击蛙、鼠或野鸭等比较弱小的动物，甚至有时还会袭击水獭。此外，狗鱼还有向在水中游泳的人发动进攻的先例。

　　狗鱼的食量很大，生长速度也很快。孵化出的幼鱼第二年就能凶猛地捕食猎物。3岁时达到性成熟，然后开始产卵。

　　每到春暖时节，冰雪开始消融，狗鱼的繁殖期也随之而来。雌鱼在水草

间产卵，每次产下5～10万枚卵。虽然每次产卵的数量很多，但这些卵中能长成成鱼的却只有极少数。

据说狗鱼的寿命长达30年，也正是因为寿命长，所以人们偶尔会发现一条巨型狗鱼。雌鱼的寿命比雄鱼更长，体型也更大。

神枪手——射水鱼

中文名：射水鱼

英文名；archer fish

别称：高射炮鱼、枪手鱼、捉虫鱼、喷水鱼

分布区域：从东非到澳大利亚沿海地区的碱性河流都有分布

　　射水鱼调皮好动，机灵敏捷，是一种备受人们喜爱的海洋动物。天然生长的射水鱼体长一般可达20~30厘米，人工饲养的射水鱼体长多为10厘米左右。射水鱼的体形近似于卵形，身体侧面稍扁，有着又尖又长的头，既黑又大而且非常有神的眼睛。大多数射水鱼的体色银白鲜艳，有的则呈略带绿色的淡黄色，有6条黑色的垂直条纹位于射水鱼的体侧。射水鱼的背鳍后位与臀鳍对称，形状都是呈半圆形，鳍的后端紧靠短短的尾柄，尾鳍的平截面近似于三角形。有黑色宽边斑位于射水鱼的背鳍、臀鳍上。

　　射水鱼的生存能力极强，在海水、半咸水或淡水中都能看到它们的身影。射水鱼的食物主要是生活在水域之外的小昆虫，它的那双大大的水泡眼，对它的捕食极为有利。这是因为射水鱼的眼内有一条条可以转动的竖纹，当它游动时，不仅可以很好地观察水面的动态，还能敏锐地捕捉到空气中物体的行踪。

　　射水鱼捕食时，会先贴近水面四处游动，以便于搜索停歇在水面附近、草叶上的猎物。当发现目标后，射水鱼会迅速地向目标靠近，调整好体位和角度，然后，从口中喷射出一股强有力的水柱，把昆虫击落在附近的水面。

射水鱼射出的水柱可以精确地击中1米以内的目标，并且，它喷射"水弹"的威力也非常大，除了击落飞蛾、苍蝇、蜜蜂等在空中飞舞的小昆虫之外，射水鱼射出的水柱甚至还可以射伤人的眼睛。

　　射水鱼究竟是如何能够喷射如此高超的"水弹"的呢？原来，射水鱼在瞄准目标的同时，它的身躯会一直保持垂直状态，眼睛非常贴近水面，从而保证了水弹的垂直发射。这样就克服了光线的折射，准确地射落目标。

"丑老婆子"——鮟鱇

中文名：鮟鱇

别称：海蛤蟆、蛤蟆鱼、老头鱼、结巴鱼

分布区域：分布于大西洋、太平洋和印度洋

鮟鱇的发音与"安康"一样，人们大概是为了图吉利才这样称呼它们的吧。虽然名字很好听，可它们的长相实在是不敢恭维，经常被渔民称为"蛤蟆鱼""丑老婆子"。

鮟鱇的身体像个布口袋，一般体长40～60厘米，大者可达100厘米，身体胖，脑袋大，还有一对鼓出来的大眼睛。在那扁平的大嘴巴里，还长着两排尖利的牙齿，看上去非常凶狠。不仅长相难看，它们发出的声音也好像是老人咳嗽一样。

人会钓鱼，那么你有没有听说过鱼也会"钓鱼"呢？鮟鱇就是这样一种会"钓鱼"的鱼，人们称它们为"奇异的渔夫"。它们平时栖息在海底，身上的皮肤会随着海底颜色的变化而变化，能与周围环境融为一体，不易被发现。它们头顶上长着一个由背鳍特化而成的鳍刺，就像我们用的钓鱼竿一样。它们在捕食的时候总是静静地趴在海底，守株待兔，只把头顶上那个鲜嫩的蠕虫般的鳍刺显露出来，不停地摇摆，很多小鱼都以为那是可口的美味，就会游过来，这时狡猾的鮟鱇就会张开血盆大口，一口把小鱼吞到肚中，然后心满意足地回到海底，故技重演，等待下一个目标。有些生活在深海里的鮟鱇，它们的"钓鱼竿"的前端有个小囊，就像我们提的灯笼，能发出红、白、蓝

等不同颜色的微光。在漆黑一片的深海，这点光非常显眼，让很多小鱼上当受骗，成为鮟鱇的美餐。

　　长期以来，科学家们都被一个奇怪的现象所困扰，为什么从深海里捕上来的鮟鱇都是雌鱼，而从未发现雄鱼？经过长期的研究，科学家们终于发现了其中的奥秘。原来，这是由鮟鱇奇特的婚姻关系所造成的。一经孵化，幼小的雄鱼马上就开始寻找配偶，一找到合适的对象，它们便会立即附着在雌鱼身上。经过一段时间，幼小的雄鱼的唇和雌鱼的皮肤连在一起，最后合为一体。此后，雄鱼除了生殖器官继续长大以外，其他器官一律停止发育。而且幼小的雄鱼从此就过着寄生生活，依靠吸取配偶身体里的血液来维持生命。鮟鱇的雌雄体长相也相差甚远，雌鱼大而美、雄鱼小而丑。有人曾捕到一条1米长的雌鮟鱇鱼，而附着在它身上的雄鱼仅长2厘米，犹如雌鱼身上长的肉瘤，可称得上是名副其实的"小女婿"，如果不仔细观察，根本想不到这会是另外一条鮟鱇。

　　鮟鱇的雄鱼不仅在体型上比雌鱼小得多，而且形象上也差别很大。雄鱼的脑袋上缺少那根鞭子似的长须，长期以来，科学家们都误将这种鱼的两性归为不同的种。

　　由于鲛鱇非常稀有，且又异地独居，因此想要找到伴侣是非常困难的。一旦找到合适的对象，雄鱼就会毫不犹豫地将牙齿咬进雌鱼身体的柔软部位，依附在雌鱼身上，合二为一。其所有维持生存的营养成分，都是从雌鱼的血液中获得的。这时，雄鱼就变成无需食物的"吸血鬼"。

争奇好斗——斗鱼

中文名：斗鱼

英文名；Macropodus chinensis

别称：铁鱼、黑老婆、月鱼

分布区域：全球都有分布

斗鱼是一种色彩斑斓的热带鱼，为攀鲈中最美丽的一种，以个性凶猛好斗而闻名。斗鱼有着丝带一般的鱼鳍，颜色有红、白、绿、蓝、青多种，游态优雅。

处于生殖期的雄性斗鱼有着十分艳丽的体色，并有一套求婚和筑巢的程序。在雌性斗鱼产卵前，雄性斗鱼会先选择一处水面平静而且避风的地方，由口吸空气和吐黏液形成小泡，筑成一个表面隆起或略平扁的浮巢。

雄鱼会在筑巢成功之后向雌鱼求爱，在求爱时，雄鱼会不停的在雌鱼的周围游来游去，把自己美丽的鳍尽可能大的舒展开，口也张得大大的，以突出鳃膜内鲜红色的鳃。在求爱过程中，雄鱼的身体颜色会变得越来越鲜明，身体和各鳍都会出现虹光样的灿烂光芒。如果求爱成功，雄鱼会由于极度兴奋而颤抖；如果求爱失败，雄鱼就会恼羞成怒，一直追逐雌鱼直到雌鱼被迫跳出水面脱逃为止。

接受了雄鱼求爱的雌鱼，会游到雄鱼身边横卧身体，雄鱼把靠过来的雌鱼的身体倒转过来，使其腹部朝上，然后紧贴在雌鱼的下面。此时，雌雄鱼分别排出卵子和精子，比水重的卵子在水中会往下沉，被等待在下面的雄鱼

用口接住。雄鱼会先在卵上涂上一层黏液，然后游向水面把卵粘在浮巢下面。斗鱼十分爱护自己的子女，在鱼卵孵化时，雄鱼会经常环绕气泡巢四处游动，警惕地防范着可能入侵的敌害，一刻也不懈怠。一对斗鱼每次可以产200个受精卵，这些受精卵会在36小时左右孵化，仔鱼在孵化3天后能自由游动。

　　在动物世界中，很多雄性都爱卖弄自己的漂亮以博得雌性的好感，这些雄性也往往容易对比自己漂亮或与自己一样漂亮的同类产生妒忌。而斗鱼的妒忌似乎尤其强烈，即使是在水底的镜子里看到自己的影子，斗鱼也会与镜子斗得鼻青脸肿。斗鱼之间的争斗异常激烈而凶残，双方的鱼鳍经常会被咬得四分五裂，令人惨不忍睹。斗鱼的胜负，不是以伤痕的多少来判定的，而是以一方彻底无力抵抗，最后掉头逃走为定论。

龙眼——金鱼

中文名：金鱼

英文名：Carassius

别称：金鲫鱼

分布区域：中国浙江的嘉兴和杭州两地

金鱼属鲤科鱼类，是野生鲫鱼的彩色变种。野生鲫鱼的体色为银灰色，背面较深，腹面较浅，身体呈纺锤形，流线型的双侧使其能在水中快速游动。然而，经人工培育后，鱼体逐渐变成短圆形，垂直而坚挺的尾鳍逐渐变成渐长、倾斜面的双尾。所以今天我们看到的金鱼，与其祖先在外形上是有很大区别的。

中国是金鱼的故乡。早在晋朝时，史书上就有红色鲫鱼的观赏记录。繁衍至今，人们又培育出许多怪异、奇特、逗趣的品种。

美丽的金鱼依头部、身体、尾鳍以及有无背鳍等特征被划分为五大品系，分别是龙种金鱼、龙背种金鱼、文种金鱼、草种金鱼和蛋种金鱼。

龙种金鱼又名"龙眼""龙睛""凸眼"等，外形与文种金鱼相似，不同之处是龙种金鱼的眼球突出于眼眶外。自古以来人们就视龙种金鱼为正宗，它们有50多个品种，名贵品种有凤尾龙睛、喜鹊龙睛、玛瑙眼、黑龙睛、葡萄眼、灯泡眼等。

龙背种金鱼为新近分出的品种，外形与蛋种金鱼相似，不同之处是龙背种金鱼眼球突出于眼眶外，名贵品种有朝天龙、龙背、龙背灯泡眼、虎头龙背灯泡眼、蛤蟆头等。

文种金鱼一般身体较短，各鳍较长，背鳍、尾鳍分叉为四，眼球平直不突出，从上俯视，鱼体犹如"文"字，故而得名。名贵品种有珍珠、鹤顶红、虎头等。

草种金鱼又称"金鲫种"，是金鱼的祖先，外形似鲫鱼，身体扁平呈纺锤形，背鳍正常。

蛋种金鱼，外形与鲫鱼有较大差异，体短而肥，圆似鸭蛋，眼球不突出，背部平直无背鳍，名贵品种有凤蛋、红蛋、水泡眼、绒球蛋、狮子头等。

金鱼的五大品系又各分为若干类型，品种的优劣也有一定的评判标准。虽然不同种类金鱼的评判标准不一样，但总体来看，金鱼的鳍和颜色是评判金鱼种类的重要依据。在鳍方面，胸鳍、腹鳍、臀鳍、尾鳍都讲究对称，以鳍大而薄，似蝉翼的为好。在色泽方面，红色鱼要从头至尾全身红似火；黑色鱼要乌黑泛光，永不褪色；紫色鱼要色泽深紫，体色稳定；五花鱼要蓝色为底，五花齐全；鹤顶红要全身银白，头顶肉瘤端正鲜红；玉印顶要全身鲜红，头顶肉瘤呈银白色且端正如玉石镶嵌。

金鱼之所以有这么多品种，是和近千年来人们的精心选育分不开的。据传，金色鲫鱼发现于晋朝，而被正式作为观赏鱼则是在南宋早期。至明朝出现盆、缸养鱼的方法后，饲养金鱼才得以普及，并进入了盆养家化的阶段。到了清朝，人们已开始有意识地选种培育，并最终培育出今天多姿多彩的金鱼品种。

为什么普通鲫鱼会变成美丽的金鱼呢？原来，家化是形成金鱼品种的决定因素。盆养以后，生存竞争的威胁消失了，水质、营养、饲养方法等因人因地而异，从而促使金鱼发生变异，如体型、鳍、鳞片色素的细胞等都发生了不同形式与不同程度的改变。饲养者再精心加以培育，就逐步培育出许多不同的品种。

欧美各国人们也十分喜爱金鱼。现在欧美各国饲养的金鱼，最初都是由中国传入的。

雌雄同体——石斑鱼

中文名: 石斑鱼

英文名; Managua Cichlid

别称: 石斑、鲙鱼、过鱼

分布区域: 沿岸岛屿附近的岩礁、砂砾、珊瑚礁底质的海区

　　石斑鱼体呈椭圆形，侧扁而粗壮。头大，吻短而钝圆。口大，上、下两颌侧齿尖细，可向内倒伏。身体表面覆盖有细小的栉鳞。背鳍强大，尾鳍呈截形、圆形或凹形。体色可随环境变化而变化。成鱼体长通常为20~30厘米。

　　石斑鱼为近海暖水性底栖鱼类，一般生活在水深40～50米的海域。一般不结成大群，活动范围较小，不作长距离洄游，但栖息的水层会随水温的变化而升降。春夏两季栖息于近岸水域水深10～30米处，盛夏季节也会在水深2～3米处出现；秋冬两季当水温下降时，会向较深的水域移动。白天上游，夜间下沉。

　　石斑鱼属凶猛的肉食性鱼类，通常以突袭的方式捕食底栖甲壳类、各种小型鱼类和头足类，但在营养条件恶劣时，它们也会以石莼等藻类为食。风平浪静时，常在其洞穴附近觅食，一遇大风大浪就会钻进洞内。

　　不同种类的石斑鱼生长速度也不一样。但从总体上看，它们的生长速度很快。外部环境的温度、盐度及饵料对石斑鱼的生长都有显著的影响。此外，石斑鱼的生长还具有明显的阶段性特征，其生长时间与体长或体重的关系近似"S"形曲线，即在鱼苗和幼鱼期生长较慢，随后为快速生长阶段，以后又缓慢生长。因此，在人工养殖中，要充分利用快速生长阶段，强化养殖，然

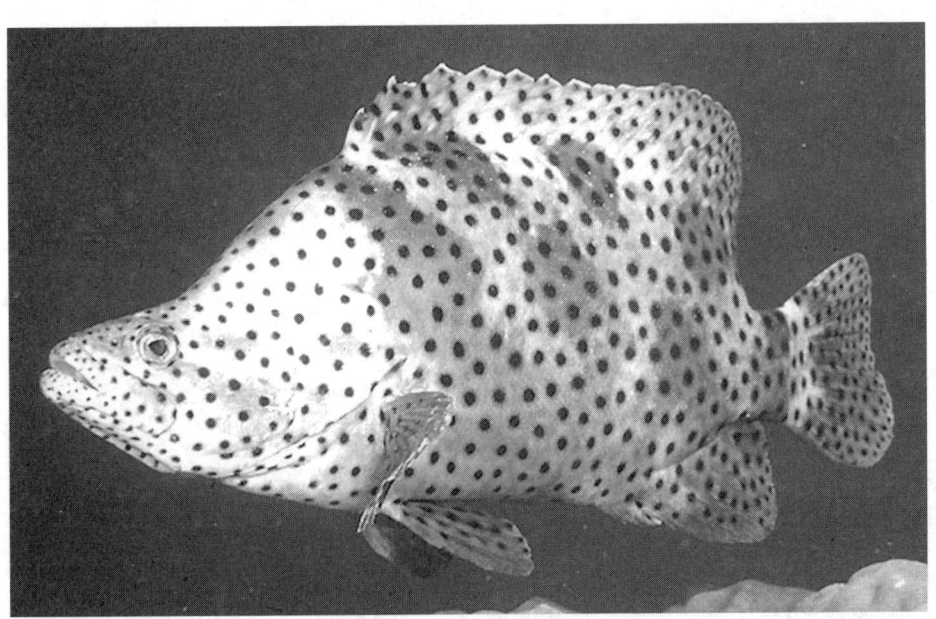

后适时捕捞上市，以获得最大的经济效益。

石斑鱼属雌雄同体、雌性先成熟型的鱼类。在石斑鱼的性腺发育过程中，卵巢会先发育成熟，即先出现雌性鱼，继之成为精、卵巢并存的雌雄同体鱼，最后才演变为雄鱼。

石斑鱼是分批多次产卵的鱼种。在非繁殖季节，仅从外观上很难辨别石斑鱼的性别。在繁殖季节，雌鱼的腹部会膨胀且泄殖孔突出，呈深红色，这是一个重要特征。繁殖季节因种类和分布海区的不同而有差异，4~10月均有性成熟个体出现。

雌鱼每次产卵一般为20～70万粒。产出的卵呈球形，具油球，属端黄卵，浮在水面。受精卵在温度达到25℃～27℃时，约经23～25小时就能孵出仔鱼。刚出膜的仔鱼体长1.5～1.6毫米，3天后开始摄食，50天左右鳞片便会生长完整，即进入幼鱼期，幼鱼在沿岸索饵生长。

据报道，赤点石斑鱼的寿命为8～10年，而红斑石斑鱼的寿命可达30～50年。

会吹泡泡的鱼——泥鳅

中文名：泥鳅

别称：鱼鳅

分布区域：中国、日本、朝鲜、俄罗斯、印度

泥鳅的体形又细又长，身体的前段略呈圆筒形，后段侧面扁、腹部圆。泥鳅的头很小；口位于头部的下方，呈马蹄形；眼睛很小且没有眼下刺。泥鳅有5对须，它的埋在皮下的鳞又细又小，呈圆形。泥鳅的身体的背部及两侧呈灰黑色，全体被有许多小的黑斑点，泥鳅的其他各鳍呈灰白色。

泥鳅生活在泥塘或河川里，有潜入泥中寻找食物的习性。它们的鳞片几乎都埋在皮肤底下，身体表面附着黏液，摸起来滑溜溜的。泥鳅是一种夜行性鱼类，夏天在阴凉的地方可找到它；冬季时则很难见到泥鳅的踪迹，因为它们冬眠去了。

泥鳅生活的水沟常常会冒出很多的气泡。其实泥鳅不是在玩吐泡泡的游戏，而是因为水中的氧气不足，它们在拼命用肠呼吸。它吸入氧气，然后由肛门排出二氧化碳等气体。这时，水面上就冒出了气泡。

泥鳅全身的皮肤上布满黏液，使人难以捉住它。这些黏液能减少皮肤与水的摩擦力，帮助它游得更快、更省力。

泥鳅和其他鱼类一样，都是用鳃来呼吸的，但是当水中缺氧时，它就会冲出水面用口直接吸入空气，并暂时将肠子作为呼吸器官。泥鳅的肠子直接连通着食道和肛门，是一条直管子，上面布满了毛细血管，既能消化食物，

又能代替鳃进行呼吸。

有一种生活在多瑙河沿岸水域里的泥鳅，到了夏季河水干枯时，它就钻进泥浆里不吃不喝，进入夏眠状态，仅靠它那特殊的肠子来呼吸空气，维持生命。当河水充盈时，它们会恢复正常的生活。

泥鳅为多次性产卵鱼类。在自然条件下，4 月上旬开始繁殖，5~6 月是产卵盛期，一直延续到 9 月还可产卵。繁殖的水温为 18℃~30℃，最适水温为 22℃~28℃。

雌鳅性成熟较雄鳅迟，体长 5 厘米时，雌鳅体内会出现一对卵巢。体长 8 厘米时，2 个卵巢愈合在一起，成为 1 个卵巢，并由前端向后端延伸，这时整个卵巢发育开始成熟。

雌鳅怀卵量因个体大小不同而有很大差异。最小性成熟个体体长 8 厘米，怀卵量约 2000 粒左右，10 厘米的怀卵量为 7000~1 万粒，体长 12 厘米的怀卵量 1.2~1.4 万粒，体长 15 厘米的怀卵量为 1.5~1.8 万粒，体长 20 厘米怀卵量为 2.4 万粒左右。怀卵量最多的可以超过 6.5 万粒。卵圆形，卵径 0.8~1.0 毫米

左右，吸水后膨胀到1.3~1.5毫米，卵黄色，为半黏性，黏附力不强。由于卵在卵巢内成熟度不一致，每次排卵量约为怀卵数的50 %~60 %。

雄鳅最小性成熟个体体长在6厘米以上，性成熟较雌鳅早，雄鳅有一对精巢，位于腹腔两侧，呈带状且不对称，右侧的精巢比左侧的长而狭窄，重量也轻一些，当雄鳅体长为9~11厘米时，精巢内的精子约有上亿个。

泥鳅产卵喜在雨后晴天的早晨，产卵前，雌鳅在前面游动，数尾雄鳅在其后紧追不舍。发情时，雌雄鳅多活动在水表面和鱼巢周围，当发情达到高潮时，雌雄鳅的头部和躯体互相摩擦并相继游出水面。雄鳅追逐纠缠雌鳅，并卷曲于雌鳅腹部，以刺激雌鳅产卵，同时雄鳅也排出精子，进行体外受精，这种动作因个体大小不同而次数也不相等，个体大的可在10次以上，受精卵先黏附在水草或其他附着物上，随着水的波动，极易从附着物上脱落进而沉到水底。

背井离乡的鱼——大马哈鱼

中文名：大马哈鱼

英文名；calico salmon

别称：北鳟鱼、大发哈鱼、达发哈鱼、果多鱼、罗锅鱼、孤东鱼、齐目鱼、奇孟鱼、花斑鳟

分布区域：北太平洋的东、西两岸，中国以乌苏里江、黑龙江、松花江为最多

大马哈鱼又叫"鲑鳟鱼"，是一种冷水性鱼类。它们在水温较低的北太平洋鄂霍次克海域生长、发育。为了繁殖后代，每年的9～10月，生活在北太平洋的大马哈鱼，都要成群结队由鄂霍次克海经萨哈林岛、鞑靼海峡，溯黑龙江而上到淡水流域中产卵。它们日夜兼程，不辞劳苦，每昼夜前行30～35千米。不管是遇到浅滩峡谷还是急流瀑布，大马哈鱼从不退却，冲过重重阻隔，越过层层障碍，直至游到目的地，然后找到合适的产卵场所繁衍后代。

生活在海洋里的大马哈鱼，为什么不在海洋里产卵，而要千里迢迢地跑到黑龙江的淡水中产卵呢？

原来，大马哈鱼是一种具有溯河产卵洄游习性的鱼类，它们的祖先原本生活在寒冷地区的河流里，后来由于那里的食物日益稀少，日子越来越艰难，只能"背井离乡"，游到食物丰富的海洋里。在那里它们吃得饱饱的，身体长得壮壮的。但是，尽管海洋里的生活舒适安逸，它们却依然思念故乡。大马哈鱼在海洋中生活4～5年后，便达到性成熟。此时的它们思乡之情达

到顶峰。于是，无数大马哈鱼成群结队、浩浩荡荡地向故乡挺进，踏上了归乡之旅。

大马哈鱼在长途跋涉的过程中不吃东西，依靠平时体内储存的营养物质维持生命。旅途遥远，再加上路途上忍饥挨饿和生殖期间体力的大量消耗，亲鱼大多瘦弱且伤病缠身。因此，完成繁衍后代的任务不久，雌鱼就会由于过度疲劳，还来不及看到自己的小宝宝出世，就撒手而去了。而雄鱼也会因为求偶而不断战斗，导致精力消耗殆尽，不久也会死去。所以生儿育女这件幸福的事情，对大马哈鱼来说，却意味着生命的终结。

大马哈鱼的卵比一般的鱼卵大得多，黄灿灿的有玉米粒那么大，光亮透明，宛如琥珀。卵的外皮又厚又坚韧，用手使劲捏也不会破。受精卵约经过两个月，就能孵化出大马哈鱼仔鱼。它们潜伏在石砾间的黑暗处，到第二年的四月，当仔鱼长至50厘米左右时，便开始陆续降河下海。它们先在沿海逗留一段时间，然后再向外海迁移，等达到性成熟后再返回出生地繁衍后代。

　　为什么大马哈鱼不但能准确无误地找到江河、支流，还能毫无差错地到达它们出生的那条小溪？科学家们还在进一步探索中。有的学者认为大马哈鱼是用嗅觉来确认回家的路。他们认为在每个产卵场都有大马哈鱼熟悉的气味，大马哈鱼是沿着它们出生地的气味溯河上游的。有的学者认为大马哈鱼是用眼睛来确定回家之路的。大马哈鱼能根据太阳在天空中的位置，辨别自己所在的位置，从而确定洄游的方向。还有的学者认为是磁场的感应所致，因为他们在实验中发现，如果改变大马哈鱼周围的磁场，大马哈鱼便会根据磁场的变化改变洄游的方向。

　　但是，这三种观点都各有其难以解释的疑点。出生地的气味会随着水流的不断冲刷而被冲淡；在阴天或多雨的时候，天空中很难看到太阳；在大马哈鱼的身体内至今仍未发现有磁微粒，又如何能发生磁场效应？所以，大马哈鱼的这一神奇习性还有待科学家们进一步探索。

"情有独钟"——青鱼

中文名：青鱼

英文名：Black Carp

分布区域：中国长江以南的平原地区

    青鱼的体形略呈圆筒形，尾部侧扁，有着没有腹棱的圆圆腹部，头部稍平扁。青鱼的口部端处呈弧形，上颌比下颌长，没有须。青鱼的嘴下面有一行呈白齿状的咽齿，咀嚼面十分光滑，没有槽纹。青鱼的背鳍和臀鳍无硬刺，背鳍与腹鳍相对。青鱼的身体背面和侧面的上半部呈青黑色，腹部呈灰白色，各鳍均呈灰黑色。

    青鱼是长江中、下游和沿江湖泊里的重要渔业资源，也是人工养殖的主要对象，是中国淡水养殖的"四大家鱼"之一。

    青鱼通常栖息在水的中下层，生长速度快并且个体较大，2~3冬龄的青鱼可达3~5千克，目前最大的青鱼有70千克重，青鱼的一般体重约为15~20千克，青鱼在4~5龄时可达到性成熟。

    青鱼一般在4~7月繁殖，其繁殖地通常为江河干流流速较高的场所。生殖后的青鱼常集中于江河湾道及通江湖泊中育肥，冬季的青鱼常在深水处越冬。青鱼的行动力很强，不易捕捉。

    青鱼与草鱼的耗氧状况接近，需要水中溶氧量不低于1.6毫克/升，若低于这个限度则呼吸会受到抑制，若水中溶氧量低至0.6毫克/升时，青鱼会开始窒息死亡。

　　青鱼在0.5℃ ～ 40℃的水温范围内都能存活。不过，当水温为22℃ ～ 28℃时最适合青鱼繁殖与生长。青鱼比较喜欢微碱性水质。

　　青鱼的主要食物是螺蛳、蚌、蚬、蛤等，有时也会捕食虾和昆虫幼虫。在鱼苗阶段的青鱼，主要以浮游动物为食。青鱼的日摄食量通常为体重的40%左右，环境条件适宜时可达60% ～ 70%。青鱼在仔鱼体长为7 ～ 9毫米时进入混合性营养期，此时，仔鱼一面继续利用自身的卵黄补充营养，一面开始摄食轮虫和无节幼虫；当仔鱼的体长为10 ～ 12毫米时，可以摄食枝角类、桡足类和摇蚊幼虫；体长达30毫米左右时仔鱼的食性会渐渐分化，开始摄食小螺类。

拓荒者——草鱼

中文名：草鱼

英文名；Grass carp

别称：油鲩、草鲩、白鲩、草鱼、草苞

分布区域：栖息于平原地区的江河湖泊

　　草鱼一般喜欢在水的中下层和近岸多水草区域生活，多在平原地区的江河湖泊栖息。草鱼是中国淡水养殖的"四大家鱼"之一，不过目前已被当作拓荒者而迁移至世界各地。

　　草鱼的体形较长，略呈圆筒型，腹部没有棱。头部平扁，尾部侧扁，口部端处呈弧形，没有须。下咽有二行侧扁且呈梳状的齿，有横沟纹位于齿侧。草鱼的背鳍和臀鳍都没有硬刺，其背鳍和腹鳍相对。草鱼全体呈茶黄色，背部呈略带草绿的青灰色，偶鳍呈微黄色。

　　草鱼具有河湖洄游习性，性成熟的草鱼会在江河流水中产卵，产卵后的亲鱼和幼鱼进入支流及通江湖泊中，通常在浅滩草地和泛水区域以及干支流附属水体中摄食育肥。冬季，草鱼则在干流或湖泊的深水处越冬。

　　草鱼生性活泼，游泳速度很快，喜欢成群觅食，生性贪食，是典型的草食性鱼类。在鱼苗阶段的草鱼主要摄食浮游动物；幼鱼期的草鱼兼食昆虫、蚯蚓、藻类和浮萍等；当草鱼的体长在10厘米以上时，则完全依靠摄食水生高等植物尤其是禾本科植物生存。并且，草鱼摄食的植物种类会随着生活环境里食物基础的状况的变化而变化。

和其他几种家鱼的生殖情况类似，草鱼不能在自然条件下的静水中产卵。草鱼一般选择江河干流的河流汇合处、河曲一侧的深槽水域、两岸突然紧缩的江段为自己的产卵地点。草鱼的生殖季节和鲢相近，4~7月是它的生殖期，其中5月是比较集中的月份。草鱼产卵最具规模的时候一般在江水上涨来得早且猛、水温又能稳定在18℃左右时。草鱼通常是在水层中进行产卵，产卵时，草鱼的鱼体不浮露水面，这就是所谓的"闷产"。不过，如果遇到水位陡涨并伴有雷暴雨这种良好的生殖生态条件时，雌、雄鱼会在水的上层追逐，出现仰腹颤抖的"浮排"现象。受精卵在20℃左右发育最佳，鱼苗大约在30~40小时左右的时候孵出。

草鱼的生长十分迅速，就整个生长过程而言，在1~2龄时，草鱼的体长增长最迅速；在2~3龄时，则其体重的增长最为迅速；当草鱼在4龄左右达到性成熟后，其增长速度就会显著减慢。

因为草鱼的食性简单，饵料来源广泛，且其具有生长迅速、产量高的特点，因此，草鱼常被作为池塘养殖和湖泊、水库、河道的主要放养对象。此外，草鱼还因其能迅速清除水体中各种草类而被称为"拓荒者"。

深海产卵——鳗鱼

中文名：鳗鱼

英文名：eel

别称：白鳝、白鳗、河鳗、鳗鲡、青鳝、风鳗、日本鳗

分布区域：热带及温带地区水域

鳗鱼，可谓是家喻户晓的鱼类，常被称为"白鳝""凤鳝"或"河鳗"，中国长江以南区域，如长江口、珠江口、闽江口等地均有分布。

鳗鱼是生长在江河湖塘里的淡水鱼，可这种淡水鱼却从不在它们生活的地方产卵、繁衍后代。每当繁殖期来临，鳗鱼就会成群结队地向海洋进发，不论路途如何艰险，都无法阻挡它们前进的脚步。在漫长的旅途中，它们甚至一点食物都不吃，直到游入大海。入海以后它们在哪里繁殖呢？这个神秘的身世之谜，长期以来一直困扰着科学家们。直到18世纪五六十年代，科学家们才慢慢揭开了鳗鱼生殖的奥秘。

原来，生长在淡水中的鳗鱼要到5 000千米外的大海中生育，将卵产在深海的400米处。这种非凡的本领，在鱼类中是比较罕见的。鳗鱼在离开江湖河塘向海洋进发时，要攀登水坎、瀑布，甚至爬过潮湿的巨石、泥地。离开了水它们是怎样呼吸的呢？原来鳗鱼的皮肤很薄，上面布满了血管，在陆地爬行时，它们总是从有水的地方穿过，以保持皮肤的潮湿，而且它们也能设法让湿润的皮肤尽量保持水分。鳗鱼的体表能分泌黏液，可有效保持皮肤的湿润。鳗鱼的鳞片非常细小，一旦离开了水，其皮肤就是第二呼吸器官，承担着重

要的呼吸功能。

　　成熟的鳗鱼经过长途洄游之后，体力大大消耗，一旦雌雄双方排卵受精完毕，便双双与世长辞。破膜孵出的带有卵黄囊的鳗鱼仔们，则像一片片飘落的柳叶随波逐流，由海洋深处游到海面摄食生长，鳗鱼的产卵量可高达700～1300万颗，但大部分会在自然环境中死亡，平均几百万粒卵才有1粒能存活下来。在这之后身体会慢慢发育，逐渐由叶状发育成细长形，长成无数透明的鱼苗，脊椎骨清晰可见，被称为"白仔鳗"。白仔鳗的毅力也相当顽强，纷纷从双亲来时的路返回，从海洋深处游到海洋表层，再游向沿海、河口。当白仔鳗抵达大陆沿海河口后便会潜伏在底层，在水温转暖、流速减缓时溯流而上。以后随着不断生长，鳗鱼体背的色素会渐渐地加深变黑而成黑苗，称之为"黑仔鳗"，体型也开始近似成鳗了。到了淡水池塘、湖泊，鳗鱼便定居下来觅食成长，以后再重复双亲的生命历程，走向海洋深处繁衍后代。

　　每年鳗鱼由海洋游入河口的时期，人们就纷纷利用鳗鱼趋光的习性，夜间在河口处涨潮时，利用灯光来诱捕。被捕获的鳗鱼暂养2～3天，让它们逐

渐适应淡水环境，随后再放到各地的鳗鱼养殖场，进行人工养殖。人们寄希望于人工孵化鳗鱼的成功。但这是一个很复杂的课题，直到如今这项技术还在进一步地探索之中。科学家预言，一旦鳗鱼可以通过人工育苗孵化成幼鳗并饲养成功，那位研究者必获诺贝尔奖。直到现在，鳗鱼还在扮演着一种传奇性鱼类的角色。

蚊子的克星——食蚊鱼

中文名：食蚊鱼

英文名：mosquitofish

别称：柳条鱼、大肚鱼、山坑鱼

分布区域：美国南部和墨西哥北部，中国长江以南地区

食蚊鱼体长形，略侧扁，长15.5～37.5毫米。雄鱼稍细长，雌鱼腹缘圆凸。头宽短，前部平扁。吻短。眼大，眼间隔宽平。口小，上位，口裂横直。齿细小。头和身体均被圆鳞。无侧线。

食蚊鱼的适应性很强，不仅可以生活于河沟、池塘、沼泽、水稻田等各种水体中，也能放养在小水池、假山水池、家庭种莲缸、插花瓶等小型水体里。它在水温5℃～40℃的环境中均能生活，平时喜集群游动于水面表层，行动敏捷。

食蚊鱼一般以小型无脊椎动物为食，尤其喜食蚊子幼体孑孓。由于它没有胃，消化道较粗短，所以在捕食蚊子幼体时可谓是狼吞虎咽。当水温适宜时，每条鱼一昼夜可吞食蚊子幼体40～100只，最多能吞食200多只。利用食蚊鱼灭蚊，既不污染环境，又能把蚊子幼虫消灭在水体里，可有效地控制蚊子的滋生。如果各地都普遍养殖食蚊鱼，对于消灭蚊子，以及有效控制和预防通过蚊子传播的传染病将大有裨益。

食蚊鱼的体型较小，但它的繁殖能力很强，并且繁殖周期短、产仔量大，是一种胎生鱼类。食蚊鱼的交配主要是由雄鱼交配器将精子送入雌鱼生殖孔

内，然后在雌鱼体内受精、孵化。如果水温适宜的话，食蚊鱼的幼鱼可以在1个多月左右达到性成熟，然后就开始繁衍后代。食蚊鱼的繁殖季节一般为4～10月，其中，5～9月最适宜繁殖。食蚊鱼每隔30～40天即可产仔1次，每次胎产30～50尾，照这样计算，每尾雌性食蚊鱼每年能产200～300尾。

春末夏初是食蚊鱼繁殖的最佳季节，因为这时候气温开始升高，沼泽、池塘的蚊子幼虫孳生，为食蚊鱼提供了充足的食物，温度亦相当适宜。当水温下降、天气寒冷时，食蚊鱼往往潜居在深水处或杂草丛生的水域，甚至钻进污泥里越冬。食蚊鱼的生命力很顽强，即使水体氧气不足也能存活。

美丽的公主——鰕虎鱼

中文名：鰕虎鱼

英文名：Barcheekgob

别称：沙鳁

分布区域：全世界都有

　　鰕虎鱼属鲈形目，鰕虎鱼科，鰕虎鱼亚科，栉鰕虎鱼属。俗称庐山石鱼、春鱼、麦鱼、琴鱼，古称沙鳁。体细长，前部浑圆，后部侧扁，头平扁。吻长，口阔而大，唇厚，上下颌具数排绒毛状细齿。前鳃盖上的肌肉发达。头部被鳞，胸、腹部裸露无鳞。两个背鳍不相连接，前背鳍为硬刺组成，后背鳍全是软鳍条。腹鳍在胸部合并成吸盘状。幼鱼体色微白，长至3厘米左右，开始出现色素。成鱼体色暗灰，有4条黑色分叉的宽斑带横跨背部，在侧面扩散成不规则的黑色小点。多数种类的鰕虎鱼在其腹部有一对腹鳍，愈合起来会成为吸盘状，借此可以附着在岩石上面而避免被水冲走。鰕虎鱼以其形状独特、善跳跃而为人们所喜爱，它的个体较小，体长仅4～8厘米。它有一个阔而大的口，一双大眼睛，体色极为美丽，样子颇可爱。

　　鰕虎鱼喜生活在底质为沙土、砾石、水质清亮而含氧丰富的池塘、湖泊、小河流的浅水区及山涧小溪中。平时分散居住在石隙里，用强有力的吸盘状腹鳍攀附于石壁，觅食时才从石隙中外出。成鱼喜欢跳跃，有时跳出水面，有时从一块石上跳往另一块石头。

　　鰕虎鱼在1冬龄的时候即可达到性成熟，亲鱼在每年的4～5月开始集群，

此时，雌雄鱼互相嬉戏追逐，进行生殖活动。在生殖期间，雌鱼会用鳍翻动沙粒，将卵产于沙穴中。

体长约在1~2厘米的鰕虎鱼的幼鱼喜欢逆水群游，尤其是在暴雨过后。白天，鰕虎鱼的幼鱼会纷纷从湖中涌入小河，与河中幼鱼汇集结群，然后沿着河流两侧逆流向上奋进，在逆行期间还会不停地吞食从山涧冲刷下来的水生昆虫和浮游生物以补充能量；晚上，鰕虎鱼的幼鱼则沉入水底用吸盘吸附于砾石上或躲在石头缝隙中休息。体长在4厘米以上的鰕虎鱼成鱼则较少有成群逆水而行的现象。

鰕虎鱼虽然体型较小，但其性格极为贪婪凶残，经常采用袭击的方式吞食底栖性比它的体型更小的鱼，或用胸鳍挖掘与翻搅水底泥沙，寻找并吞食底栖无脊椎动物。

蓑鲉——狮子鱼

中文名：狮子鱼

英文名；Liparis liparis

别称：火鸡鱼、火焰鱼

分布区域：印度—西太平洋暖水海域，多栖息于岩礁或珊瑚丛中

狮子鱼为鲉形目圆鳍鱼科，是约115种海生鱼类的统称。体型小，最大约30厘米长。体形成长条形，柔软，蝌蚪状；皮肤松弛，无鳞，有时具小刺。背鳍长，腹鳍于头下，形成吸盘，用以吸附海底。有些种类如北大西洋的狮子鱼，生活于沿岸；另外，一些头肛狮子鱼属的粉红色种类栖居于深海。

狮子鱼的体长一般为450毫米，它的体型延长，前部呈亚圆筒形，后部渐侧扁狭小。狮子鱼有着又宽大又平扁的头部；它的吻比较宽钝；眼睛比较小，位于头部的上侧位。狮子鱼口端的上颌稍突出，鳃孔中大。狮子鱼的身体表面并没鳞，皮肤比较松软，光滑或具颗粒状小棘。狮子鱼的背鳍比较延长；鳍棘比较细弱，与鳍条相似；臀鳍延长；尾鳍平截或圆形，常与背鳍和臀鳍相连；胸鳍基宽大，向前伸达喉部；腹鳍胸位，愈合为一吸盘。

狮子鱼主食甲壳动物，也吃小鱼，人工饲养的时候可以喂食动物性饵料以及人工饲料，适合于水温26℃、海水比重1.022、水量300升以上的水族箱，最大体长可达31厘米。

狮子鱼是一种相当受人们欢迎的海洋观赏鱼类，它的胸鳍和背鳍长着长长的鳍条和刺棘，形状酷似古人穿的蓑衣，因此又有"蓑鱼"之称。由于狮

子鱼的外貌酷似火鸡，故狮子鱼也被叫做"火鸡鱼"。狮子鱼胸鳍的鳍条一般是愈合不分离的，但有一些特殊种类的狮子鱼鳍条却是一根根分开的，像绽放的烟火一样，这种狮子鱼又被称为"火焰鱼"。

所有鲉科鱼类背鳍和胸鳍的鳍条上都有毒刺，它们的主要作用就是用来抵御来自同类或捕食者的威胁，狮子鱼也不例外。狮子鱼的背鳍、胸鳍和臀鳍上长着长长的基部有毒腺的鳍条，这些鳍条的尖端还布有毒针。一般情况下，狮子鱼的这些鳍条都像刺猬的刺一样处于完全展开的状态，让那些想对它下手的掠食者们无所适从，所以，狮子鱼在海中可以悠然自得、目中无人的到处游荡。不过，狮子鱼也是有弱点的，它那没有刺棘保护的腹部会使它受到致命的伤害，而狮子鱼也深知这一点。所以，当遇到危险或是在休息时，狮子鱼会用腹部的吸盘将自己紧紧贴在岩壁上，以寻求自保。

狮子鱼的毒针相当厉害，人一旦被它们的毒针刺中，被刺中的地方会产生剧烈的疼痛、肿胀，有时候还会发生抽搐，严重的话甚至会导致人的死亡。因此，在海洋中，狮子鱼可是有名的"毒王"。

抗寒高手——鳕鱼

中文名：鳕鱼

英文名：Gadus

别称：鳘鱼

分布区域：北太平洋，中国黄海和东海北部

　　鳕鱼有7个主要种类，一般栖于近底层，其分布由近岸带到深海区。具三背鳍、二臀鳍、一腭须。体色多样，从淡绿或淡灰到褐色或淡黑，也可为暗淡红色到鲜红色；体上并有深色斑点。一般捕捞的个体体重可达11.5千克，但最大的可达1.8米长，91千克重。以其他鱼类及无脊椎动物为食。食量大，是贪食的洄游鱼类。北太平洋东部及西部均产的大头鳕与大西洋鳕很相似，但较小，最大可达75厘米，体虽为斑驳的浅褐色，侧线白色。其中，欧洲鳕鱼主要分布于大西洋北纬40°以北到北极海的高纬度海域。

　　鳕鱼有非常强的抗寒本领，它可以生活在-1.9℃~-2℃的冷水环境中。在这样的冷水环境中，如果是温带鱼就会被冻成冰块，而鳕鱼却能自由自在地游来游去。在-2℃时，鳕鱼的代谢也能顺利进行，它在这时的代谢程度相当于热带鱼在10℃~20℃时的代谢程度。当温度为6℃时，鳕鱼根本无法适应这种温度，它会因受热而死。

　　鳕鱼的血液中含有一种叫肝糖蛋白质的物质。这种肝糖蛋白质是一种生物大分子，由两个半乳糖和三个氨基酸构成一个单元，许多单元又通过化学键连成一根长长的链条，在血液中盘绕卷曲成松散的线圈，这种松散的线圈称为无规线圈。由于表面张力的缘故，如果想使这种无规线圈的表面结冰，则需要极低的温度。但是当它结了冰，表面的不规则性又会增大。这样反复几次，冰点就会大大降低，鳕鱼便因此具有了极强的抗冻能力。

鳕鱼的这种抗冻本领，给了科学家极大的启发。人类可不可以运用冰冻技术来保存人的生命呢？这样，重要的器官如大脑、心脏的移植等医学问题不就可以很好的解决了吗？现今在医学上疫苗、血液、精液等的低温保存，以及利用局部冰冻损伤的方法来治疗癌症和溃疡，都是对抗冻技术的初步应用。生物抗冻素和低温酶等活性物质的发现对基因工程的研究起到了极大的促进作用。

鳕鱼是海洋世界的大家族，目前已知的约有500多个品种，是海洋渔业的主要捕捞对象。主要捕捞种类有鳕科、无须鳕科和长尾鳕科。已知全世界鳕科鱼类有五十多种，它们中大多数分布于大西洋北部大陆架海域，重要鱼种有太平洋鳕、大西洋鳕、黑线鳕、蓝鳕、绿青鳕、牙鳕、挪威长臂鳕和狭鳕等。

第二章

凶猛的水域霸王家族

　　海洋的广阔孕育了无数的精灵。它们当中有凶猛的蓝鲸、美丽的水母、传说中的怪物章鱼、拥有天然雷达的海蛇、聪明的海豚以及奇特的深海生物等等。深海的世界并不平静，它们为了生存和繁衍，弱者被强者吞食，强者之间也在进行着不断地厮杀。五彩的海洋生活背后也充满了你所不知道的杀机。

会发电的鱼——电鳗

中文名：电鳗

英文名：Electrophorus electricus

分布区域：在南美洲亚马逊河和圭亚那河、大西洋、印度洋及太平洋区域均有分布

电鳗是鱼类中放电能力最强的淡水鱼，成鱼输出的电压为600～800伏，因此有水中"高压线"之称。从外形上看，它像鳗鱼，但从解剖学的构造来鉴别，它更像一种接近鲤科的鱼类。电鳗身长2米有余，体重可达20千克，称得上是一种大鱼。

电鳗发电不仅是用来自我保护，还是它猎取食物的一种方式。平时，电鳗一动不动地躺在水底，有时也会浮出水面。当它遭到袭击的时候，会立即放出电来，一举击退敌人的进攻。电鳗会用放电的方式杀死鱼虾，然后饱餐一顿。可恶的是，它所电杀的猎物远远超过了它的胃口所能容纳的食量，因而不少人认为电鳗是造成某些地方鱼类产量锐减的罪魁祸首。

随着人们对电鳗了解程度的提高，人们发现，电鳗不仅利用放电来寻找食物和对付敌人，还可以将它用于水中通信导航。有人发现，当雄电鳗接近雌电鳗时，电流的强度会发生变化，这是它们在打招呼。

那么，对于这种厉害的能够发电的动物，人们是怎样捕捉的呢？南美洲土著居民利用自己独特的办法来捕获电鳗。因为电鳗在连续不断地放电后，需要经过一段时间休息和补充丰富的食物，才能恢复原有的放电强度，因此可

以先将一群牛马赶下河，使电鳗被激怒而不断放电，待电鳗放完电精疲力竭时，就可以直接下河捕捉了。

关于电鳗发电有一个离奇的故事。据说，在南美大陆的丛林中，有一片极为富饶的区域，那里的树木上都挂满了纯金。为了寻找这个天然宝库，由西班牙人迪希卡率领的一支探险队，沿亚马逊河逆流而上，来到一大片沼泽地边缘。那时正值旱季，沼泽几乎干涸了，只有远处的几个小水塘在中午的阳光下闪烁着波光。于是，探险队来到水塘边。这时，探险队雇用的印第安人大惊失色，眼神中充满了恐惧，拒绝从浅水塘里走过去。迪希卡命令一名西班牙士兵做个样子给印第安人看看。于是，这名士兵满不在乎地向水中走去。可是，没走几步，他就像被人重重击了一拳一样，大叫一声倒在地上。他的两个伙伴连忙冲上前去救他，也同样被看不见的敌人打倒在地，躺在泥水之中。几个小时以后，见水中毫无动静，士兵们才小心翼翼地走到水里，把3个伤兵抬了出来。可是，这时他们3人的脚都已麻痹了。后来人们才知道，那个不明的袭击者原来就是淡水电鳗。

　　不过，事物往往是利弊参半的，人们也可以从生物身上学到很多东西。对包括电鳗在内的发电动物的研究，对人类有重要的作用。比如世界上最早、最简单的电池——伏打电池，就是19世纪初意大利物理学家伏打，根据电鳐和电鳗的发电器官设计出来的。还有，如果我们能成功地模仿电鱼的电器官在海水中发电，那么船舶和潜水艇的动力问题便能得到很好的解决。

　　一些科学家打算模仿电鱼的发电机理，创造新的通信仪器。这一切也都是仿生学给我们的启示。在这方面，电鳗和象鼻鱼(一种生活在非洲中部河湖中的电鱼)可以给人类提供宝贵的启示。

潜水冠军——抹香鲸

中文名：抹香鲸

英文名：Sperm whale

别称：巨头鲸

分布区域：分布于全世界各大海洋中

很久以前，水手们都认为他们透过船只外壳所听到的有间隔规律的滴答声，是来自于被他们称为"木工鱼"的鱼类，因为听起来就好像锤子敲击的声音。但实际上，他们所听到的声音却是抹香鲸发出的。至于"抹香鲸"这个名字，其由来是因为捕鲸者在它们硕大的前额中，发现了被称为鲸脂的油滑物质，而这一说法又曲解了鲸脂的本意。

抹香鲸科的古代家族是在早期的鲸类进化时(大约3000万年以前)从主要的海豚总科中分离出来的。现存的唯一抹香鲸种群——抹香鲸以及比抹香鲸小很多的侏儒抹香鲸和小抹香鲸(小抹香鲸科)——都长着桶形的头部，长长窄窄的、长有整齐牙齿的垂吊下颚，船桨形的鳍肢，以及长在左侧的呼吸孔。小抹香鲸的出现要晚很多，大约在800万年以前。

抹香鲸呈方形的大前额长在上颚的上方、头骨的前边，占有其体长的1/4 ~ 1/3。这里长着抹香鲸脑油器，一个椭圆形的结构包含在一个由结缔组织构成的外壳之中。脑油器本身与结缔组织外环绕的是稠密的鲸油——一种半流体的、光滑的油脂。气囊束缚着抹香鲸脑油器的两端。包围着抹香鲸脑油器的头骨与气道都非常不对称。两个鼻腔无论在外形上还是功能上都差异

极大，左侧的用于呼吸，右侧的用于发声。

至于抹香鲸为什么长着如此笨拙的巨大脑壳则不得而知了。原因之一可能是有助于聚焦滴答声，滴答声的作用是在漆黑一片的深海中利用回声定位判断猎物所在。抹香鲸也会通过这种滴答声来进行交流，它们是3种抹香鲸种群中利用声音最多的一支。

抹香鲸棒形的下颚包含20～26对大牙齿，而侏儒抹香鲸有8～13对，小抹香鲸有10～16对。这些牙齿似乎并非用于进食，因为研究发现，进食充足的抹香鲸都少有牙齿，甚至没有下颚。而且，直到抹香鲸性成熟时，牙齿才会"进出"(长出来)。一般来说，没有一个种群的抹香鲸上颚会长牙，即使长了，牙齿通常也不会进出。小抹香鲸科的牙齿细小，但是非常尖锐、弯曲，且没有釉质。

抹香鲸的皮肤除了头部与尾鳍之外，都是起皱的，形成了不规则的波浪形表面。低低的背鳍如同覆盖着一层粗糙的白色老茧，成熟的雌性尤为明显。

抹香鲸会多次潜入深海捕食，其平均深度约为400米，持续35分钟左右，而且它们还能够潜至1000多米深，并持续1个多小时。抹香鲸在潜水间歇会浮到水面呼吸，平均呼吸时间为8分钟左右。下潜时，抹香鲸把尾鳍直直地伸在水外，身体几乎与水面垂直。

不论是雌性抹香鲸还是雄性抹香鲸，鱿鱼都是它们的重要食物。雌性抹香鲸会花费约75％的时间用来进食。尽管雌性的进食量要小于雄性，但是它们偶尔会捕食巨型鱿鱼，鱿鱼吸盘所造成的伤痕会留在它们的头部，作为水下战斗的见证。雄性抹香鲸喜欢捕食雌性吃剩的、更大型的猎物。另外，雄性还会吃相当多的鱼，包括鲨鱼和鳐。

小抹香鲸和侏儒抹香鲸的头部更倾向于圆锥形，就其与整个体长的比例而言，比抹香鲸要小得多。小抹香鲸种群看起来很像鲨鱼——垂吊的嘴部，尖锐的牙齿，以及头部侧面类似鱼鳃裂口的弧形痕迹。因为它们主要捕食鱿鱼和章鱼，所以，小抹香鲸种群长着扁平的吻部。由于它们还捕食深海鱼类和螃蟹，所以偶尔也会成为海底掠食者。除此之外，它们的猎食对象与抹香鲸的无异。

"间谍跳"——灰鲸

中文名：灰鲸

英文名：Grey whale

别称：克鲸、腹沟鲸鱼

分布区域：北太平洋、北大西洋、北美洲沿海、日本海，中国的黄海、东海、南海

  灰鲸是所有须鲸亚目中距海岸最近的种群，常见于距海岸1000米处。因为这份对沿海水域的执著，也因为它们接近于墨西哥礁湖养殖场的人类，所以它们成为了最为人们所熟知的鲸类之一。灰鲸游过加利福尼亚海岸时会引来数千人观看。

  每年的秋季和春季，灰鲸会沿着北美洲的西海岸迁移，它们每年的行程是：夏季在北极水域进食，冬季在墨西哥下面加利福尼亚州受保护的礁湖生产。灰鲸的迁移路程可能是所有哺乳动物中最远的，某些个体成员每年都要从北极的浮冰区迁至亚热带水域或更远的水域，总行程高达2.04万千米。

  灰鲸的平均体长大约是12米，但最长能长到15米。其皮肤颜色由斑驳的深灰色至浅灰色。它们是所有鲸类之中遭寄生情况最为严重者之一，有大量的藤壶和鲸虱寄生在它们身上。藤壶主要分布在灰鲸相对较短的弓形头部上面、呼吸孔周围，以及背的前部。在灰鲸身上所发现的1种新的藤壶种群和3种新的鲸虱种群，至今为止在其他地方还尚未发现这些种群。虽然现在还能够见到浅色灰鲸，但其数量已经极其稀少了。

灰鲸没有背鳍，但是沿着背部的后1/3处，长有由8～9个隆起组成的背脊。灰鲸的鲸须呈白色，与其他须鲸相比更粗更短，长度从未超过38厘米，毫无疑问这是在捕捉猎物时被海底沉积物拉断了，而其他鲸类的鲸须仅会被水底柱状物缠绕。灰鲸喉部的下方长着2个纵向的凹槽，约2米长，间隔为40厘米。这些凹槽可以在进食时扩展开口，使嘴张得更大，以便使灰鲸能够吃到更多的食物。

灰鲸迁移的速度大约是8千米/小时，但有外在压力时，它们的时速能够达到20千米。迁移的灰鲸平稳地游动，每隔3～4分钟，浮出水面呼吸3～5次。呼吸时吐出的水柱粗短，2个呼吸孔同时呼吸时，水柱呈叉状。当灰鲸完成一连串的呼吸潜入水中时，尾鳍经常会露出水面。

灰鲸的声音指令包括咕噜声、脉冲声、滴答声、呻吟声，以及敲击声，在加利福尼亚州的礁湖中，幼崽还会发出共振脉冲，以引起其母亲的注意。但是灰鲸所发出的声音并不太复杂，也不像其他鲸类所发出的声音那样具有社交价值。关于它们大部分通讯信号的准确含意，目前还处于未知状态。

灰鲸大约在8岁时进入青春期(范围为5～11岁)，此时，雄性的平均体长是11.1米，雌性则为11.7米，它们的生理完全发育成熟大约是在40岁左右。和其他须鲸一样，雌性要比雄性更大一些，可能是为了满足怀孕与哺育幼崽时较高的生理需求。雌性每隔1年会生产1次，在经历一年多的妊娠期之

后，会生出一只约为4.9米长的幼崽。

灰鲸擅长迁移，它们的生活史以及生态学的方方面面都反映出了这种从北极至亚热带的年迁移行为。东太平洋或加利福尼亚种群的大多数鲸在5～11月都会在北极水域度过。

北极的冬季刚刚到来时，它们的捕食区域就开始全面结冰了。这时，灰鲸会向南迁移至受保护的礁湖，而雌性则会在礁湖中生产。幼崽在5～6周之内相继出生，生产高峰大约出现在1月10日左右。幼崽刚出生时，身上的鲸脂很薄，不足以抵御冰冷的北极水域，不过会在温暖的礁湖中茁壮成长。幼崽出生后的头几个小时，其呼吸、游动都不协调，很费气力，它们的母亲有时不得不用背部或尾鳍，将幼崽撑到水面，以帮助其呼吸。幼崽的哺乳时间为7个月左右，最初是在水深有限的礁湖之中，在那里，它们会实现运动协调，也许还会形成母亲—幼崽的必要组合，以便一起向北迁移至避暑区，它们会在避暑区断奶。当幼崽到达北极时，已经将哺育其成长的母鲸的乳汁转化成了厚厚的隔热鲸脂。在礁湖以及远离南加利福尼亚州时，幼崽与母亲寸步不离，几乎"粘"在了母亲身上，但当5月下旬~6月抵达白令海时，它们都已变成了游泳能手，此时，它们会充满活力地游离母亲。

因为迁移线路紧沿海岸，所以灰鲸可以待在浅水区轻松地游动，并且始终保持陆地在其左边或右边，这取决于它们是向北迁移还是向南迁移。沿着迁移线路游动时，灰鲸经常会做出"间谍跳"。为了做出间谍跳的动作，灰鲸需要把其头部直戳出水面，然后沿着身体的水平轴线慢慢地沉落。这个动作与"突跃"不同，"突跃"是指灰鲸将其半个身子甚至更大的部分露出水面，然后向其侧面沉落，溅起巨大的水花。灰鲸的间谍跳很可能是用于观察临近的海岸，以确定迁移方向。

在繁殖区中，雄性与快成年的灰鲸会聚集在礁湖的湖口周围，在那里滚动、打转，发生性行为，而母亲与幼崽则会待在礁湖内侧较浅的水域。在北极，会有100只或更多的灰鲸聚集在大体相同的水域一起进食。

灰鲸中的某些个体成员不会完成完整的北部迁移。例如，在不列颠哥伦比亚省附近的海域，某些个体成员会在向北和向南迁移的时候待在这片区域

进食8～9个月。据记载，某些灰鲸每个夏季都会回到相同的地方。与其相似的小型避暑群落会从加利福尼亚北部来到阿拉斯加。这些灰鲸群既包括雄性也包括雌性，涵盖了所有的年龄组，其中也包括灰鲸幼崽。它们在进食时会采取交替进食的方法，这种交替式的进食策略可完成全程迁移，但只有少数灰鲸能够做到，因为北白令海南部的进食区相当少，因此只能供养一小部分族群。

捕杀灰鲸的非人类掠食者只有虎鲸，人们已经观察到了数次这种袭击活动。虎鲸通常会向带着幼崽的群落发起进攻，大概是想要捕杀防御能力相对较弱的幼崽。虎鲸主要会攻击灰鲸的唇部、舌头以及尾鳍，因为这些地方最容易被咬住。在遇到危险时，成年灰鲸会把自己置于虎鲸与幼崽之间进行防御。当遇到进攻时，灰鲸会游向浅水区布满海藻的近海岸处，而虎鲸则对是否要进入这片水域持犹豫态度。当虎鲸的声音在水下不停地回荡时，灰鲸的反应是迅速游离虎鲸或是通过厚厚的水藻寻求庇护。

鲸中"寿星"——须鲸

中文名：须鲸

英文名；minke

分布区域：全世界的海域

"须鲸"这个名字源自挪威语，其字面意思是"有深沟的鲸"，指的是位于嘴部后下方皮肤上的纵向折痕，这是该种群的一个独有特征。很多须鲸每年都会穿越世界上众多大洋，迁移非常远的距离，从热带的繁殖区到极地的进食区迁进迁出。在过去的100多年中，较大的须鲸种群一直被大量捕杀，因此数量急剧减少。

须鲸外形呈流线型，除塞鲸之外，其他种群皮肤上部有一组凹槽或折痕，从下颚处向下一直延伸至腹部下边的肚脐处。进食时，这些凹槽会扩展开，增大嘴部的扩展幅度。须鲸死后的照片显示其喉部松垂，这一点有助于证明过去认为这种动物有着奇特扭曲的形象的观点是不正确的，这实际上是对它们在水下身体光滑这一事实的荒诞解释。

南半球的须鲸比北半球的须鲸要稍微大一些，而在其所有种群之中，雌性又要比雄性稍微大一些。它们的头部占身体全长的1/4，大翅鲸长有明显的中央背脊，从呼吸孔向前延伸至吻部。而布氏鲸还长有副背脊，分别位于中央背脊的两侧。所有种群的下颚都呈弓形，从吻部的末端伸出。

所有须鲸的鳍肢都如同窄窄的柳叶刀一样。除大翅鲸之外，其他须鲸鳍肢的前缘上都长有圆齿，鳍肢长度接近于其体长的1/3。背鳍位于背部非常靠

后的位置。尾鳍宽厚，中间有明显的缺口，大翅鲸的缺口尤为宽广。须鲸通过其头部顶端由2个呼吸孔构成的一个喷管来进行呼吸，不同种群之间，喷管的高度和形状各不相同。

　　蓝鲸、长须鲸、塞鲸、小须鲸以及大翅鲸的生活圈与其季节性的迁移线路紧密相关。不论是在南半球还是北半球，须鲸都会于冬季时在低纬度较为温暖的水域中进行交配，之后会向它们所钟爱的极地进食区进行迁移，在那里待3～4个月，以其食物的主要构成部分——丰富的浮游生物为食。在这次集中进食期之后，它们会再次迁移回到较为温暖的水域。在那里，雌性在交配完成10～12个月之后，会产下一只幼仔。怀孕与生产在一年中的任何时候都有可能发生，但是相对较短的繁殖高峰期则局限在3～4个月之间。

　　刚出生的幼仔长度大约是其母亲体长的1/3，是其母亲体重的4%～5%。在春季迁移时，幼仔会随母亲一起向极地海域游动3200千米或更远的距离。这段时间，幼仔以其母亲营养丰富的乳汁为食，须鲸乳汁的脂肪含量高达46%，而人类与奶牛的乳汁只含有3%～5%的脂肪。当幼仔含住母亲2个乳头中的1个时，母亲会借助乳腺周围的肌肉收缩，将乳汁喷入幼仔口中。由于

这种高能量的饮食，幼仔的成长速度飞快，每天能长90千克之多。因此，在6～7个月之内，蓝鲸的幼仔将会在其出生体重(2.5吨)的基础之上，再增加大约17吨的重量。幼仔在7～8个月时断奶，断奶时大约为10米长。

由于鲸类生态环境与人类掠夺行为的微妙交互，近几年来，须鲸的繁殖年龄已经发生了变化。出生于1930年之前的长须鲸，其性成熟年龄大约为10岁左右，但是后来其平均性成熟年龄则降至6岁左右。1935年之前的须鲸，直到11岁左右时才会进行繁殖，而如今在某些地区，须鲸7岁时就已经准备好要繁殖了。至于南方小须鲸，它们的成熟年龄降幅达8年之多，从14岁降至6岁。

关于这些变化，最可信的解释是：由于鲸类的总数量骤降，个体成员就能享受到更多的食物，这样就使得幸存者能够更快地成长。由于繁殖开始时间与其体型密切相关，成长加快则意味着在其年龄更小时，便能够达到繁殖后代所需的体型。

目前，须鲸的未来在很大程度上取决于近年来为保护它们而施行的禁止过度捕杀措施的成功与否。某些种群的数量呈现出增长趋势，但因为它们的出生率极低，想要完全恢复到以前的数量，还需要数十年的时间。如果不受干扰，在10～20年中，鲸类的族群数量可翻倍。但是，南极蓝鲸的数量大概仍然只占其原始数量的5%～10%，而且其繁殖速度并不快。

由于气候变化与污染而导致的海洋环境的恶化引起了越来越多的重视。虽然水温的升高似乎不会对鲸类产生什么直接的影响，因为它们的鲸脂将其与目前所处的环境隔开，但是，它们赖以生存的食物，例如，磷虾和鱼类，则会因为这些环境变更及洋流变化而转移。同样，极地区域臭氧层的破坏可能会使大量的紫外线辐射到水中，因而改变该片海域的物产量，而该片海域长期以来一直被鲸类当做进食区。有害化学污染物造成的直接污染，以及一些不可降解的物质，如塑料袋、塑料瓶，还有其他垃圾，可能会被鲸类吞食，因而堵塞鲸类的食道，这应当引起重视。此外还有声音污染，这会严重侵扰鲸类的感官与交流能力。另外，还应该加上由捕鱼用具所造成的危险，以及在日益繁忙的海洋航线中，鲸类与船只碰撞的危险。

"土著"居民——海象

中文名: 海象
英文名; walrus
分布区域: 生活于北冰洋, 在太平洋和大西洋都有其踪影

北极海域如此高纬度的海洋里, 生活着一些北半球的"土著"居民。它们长得又肥又胖, 四肢很像鱼鳍, 在冰上爬行的时候, 笨拙而可爱, 最奇怪的是, 它们居然像大象一样, 长了两根长长的尖利的牙齿, 它们就是海象。

海象虽然也有"大象般"的牙齿, 但它们的牙齿明显与大象的牙齿不同。海象的长牙是从海象上颚长出的犬齿, 犬齿从嘴角两边垂直伸出嘴巴外, 就形成了獠牙一般的面容。而且重要的是, 海象的这对大牙一生都在不停地生长, 最长可达到90多厘米, 雌性海象牙较短, 但也可以达到50厘米左右。

别看海象的长牙长得有点丑, 但它绝对是海象生存的好帮手, 一头海象如果没有象牙, 它可能会早早的累死或饿死在富饶的海洋中了。海象是食肉目鳍足亚目下的一科, 体型庞大, 异常强壮, 在冰冷的海水和陆地上的冰块上过着两栖生活。尽管在海洋中它们那鳍足是游泳和潜水最好的帮手, 但当它们想要爬到光滑的冰面上休息时, 那两只"大脚"可就没那么有力了。海象每次从海中爬上浮冰时, 都必须依靠那对锋利的"象牙"来帮助。它们会把长长的牙齿狠狠地扎进冰面, 然后借着光滑的皮肤和像鱼鳍一样的前足的帮助, 才能使劲滑上冰面。所以, 这对长牙不仅是牙齿, 还是海象的另一双"脚"。

海象是一种群居性的动物, 每群数量不等, 数百只到成千上万只都有可

能。对于北极这块被冰雪覆盖的大陆来说，海象没有什么很强的自保能力，尤其是在冰面上的时候，笨重的身体和鳍化的前足使它们无法快速移动，只有群体的力量才能保证安全，这也是为何海象总是成百上千地聚集在一起的原因。

海象是一种胖胖的非常可爱的动物，它的皮肤厚度可达1.2～5厘米，皮下脂肪厚12~15厘米，特别能忍受北极寒冷的气温。酷寒的环境还造就了海象皮肤颜色的变换，它们在陆地上一般呈灰褐色或棕红色，一旦进入海水中，皮肤就会变成灰白色，这是由于温度的变化刺激海象皮肤下血管收缩或扩张导致的。海象还是出色的潜水能手，一般在水中可潜游20多分钟不换气，潜水深度可达500米。

海象主要以海螺、贝壳类软体动物为食，有时也捕食乌贼、虾、蟹等，它们捕食时也离不开长长的象牙。海象在寻找食物时，会像一位耕耘者那样，把长牙当做犁，在海底来回翻搅泥沙，然后利用敏感的鼻口部和能像触角一样活动的触须来寻找食物，抓到猎物之后它的前鳍足就紧紧合拢，捧着猎物边游边搓，当快游到水面的时候，松开鳍足，使碎贝壳和肉类分开，然后赶紧下潜，将贝肉吞入口中。

张牙舞爪——章鱼

中文名: 章鱼

英文名; Octopus

别称: 石居、八爪鱼、坐蛸、石吸、望潮、死牛

分布区域: 各大海域都有分布

　　章鱼是大家比较熟悉的一种海洋生物，分布于世界各海域，大约有140种。大部分章鱼为浅海性种类，也有少数深海性种类。章鱼力大无比、残忍好斗、足智多谋，不少海洋动物都惧怕它，所以章鱼可谓是海洋里的"霸王"。

　　章鱼是一种敏感的动物。它的神经系统包括中枢神经和周围神经两部分，是无脊动物中最复杂、最高级的，而且在脑神经节上又分出听觉、嗅觉和视觉神经。

　　它的感觉器官中最发达的是眼，其构造很复杂，前面有角膜，周围有巩膜，还有一个能与脊椎动物相媲美的发达晶状体，所以眼不但很大，而且睁得圆鼓鼓的，一动也不动，和猫头鹰很象。此外，在章鱼眼睛后面的皮肤里有个小窝，这个不同寻常的小窝，是主管嗅觉的。

　　是什么原因造就了章鱼横行霸道、肆无忌惮的威力呢？首先，这应该归功于章鱼的8条布有300个左右吸盘的触腕，触腕上的每个吸盘的拉力为100克，任何被章鱼的触腕缠住的东西，都很难脱身。除了强力吸盘外，章鱼的触腕还像人的手一样有着高度的灵敏性。即使在休息的时候，章鱼也总会留一两条触腕"值班"，高度警惕着"敌情"。一旦有东西碰到了章鱼的触腕，

它就会立刻跳起来。另外，章鱼还可以喷射黑乎乎的液体，章鱼喷墨不仅可以掩藏自己，还可以趁此机会观察周围情况，以决定进攻或撤退。章鱼在一般情况下可以连续6次往外喷射墨汁，并且章鱼的墨汁可以很快积蓄，只需要半个小时，就可以积蓄很多墨汁，章鱼的墨汁虽然有一定的毒性，但对人的危害不大；其次，章鱼的变色能力也很显著，它可以根据周围的环境随时变换自己皮肤的颜色。

此外，章鱼也是营造房屋的高手。章鱼的触手可以用来搬运石料，章鱼一次能搬4～5千克的石头，为自己建造一个舒舒服服的小窝。

另外，章鱼还是一个魔法师。它不但可以伪装成一块石头，甚至能够扮成海蛇、狮子鱼以及水母。而且章鱼还能够像最灵活的变色龙一样，改变自身的颜色和构造，有时它会变成一块如同覆盖着藻类的石头，然后突然扑向猎物，而猎物根本没有时间意识到发生了什么事情。章鱼还有着其他动物难以企及的高超的脱身技能，这是因为它能使自己那胶皮一样柔软的身子变成饼状。章鱼的生存能力很强，即使离开了海水照样能活上几天，这是由于章鱼能将水存在套膜腔中，可以依靠溶解在水中的氧气生活。

　　章鱼十分爱护自己的孩子，雌性章鱼一排下卵就守护在卵边寸步不离，直到小章鱼从卵壳里孵化出来。即使如此，这位"慈母"仍不放心，依旧守在旁边保护自己心爱的孩子不被其他海洋动物欺侮，以至于小章鱼长大后，这位"慈母"就会变得十分憔悴，有的章鱼甚至会因过度劳累而死去。

"水鬼"—— 食人鲳

中文名：食人鲳

英文名；Piranha

别称：食人鱼、水虎鱼

分布区域：安第斯山以东至巴西平原的诸河流中

俗语说："大鱼吃小鱼，小鱼吃虾米。"可是在南美洲亚马逊河流域的一些湖泊和河流中，却生长着一种群居性的小鱼，它们不怕大型动物，极具攻击性。大白鲨素称"食人鲨"，它们非常残酷，因为时常对游泳、潜水、冲浪的人，甚至小型船只发起致命的攻击而恶名昭彰，但论凶残程度，它们无论如何也比不上南美洲内陆河中的这种小鱼。这种小鱼就是食人鲳。食人鲳又叫水虎鱼，是全世界最凶猛的淡水鱼。

食人鲳主要栖息在河流的主流、较大支流的河宽甚广且水流较湍急的地方。食人鲳是巴西的亚马逊河流域最危险的四种水族生物之首，它不仅会吃掉来河边饮水的动物，还会攻击人类。因为它的性情极为凶残，故食人鲳又有"水中狼族""水鬼"之称。

成年食人鲳的食物主要是昆虫、蠕虫、鱼类等，但也有一些相近种的食人鲳只吃水果和种子。食人鲳主要在黎明和黄昏时觅食，中午会到有遮蔽的地方休息。

食人鲳在成熟后，雌雄有着相似的外观，其背部呈鲜绿色，腹部呈鲜红色，体侧有斑纹。食人鲳的体长大小不一，长的有50厘米，头在全身占有很

大的比例，鱼身比较粗胖。食人鲳有着短而有力的两颚，下颚突出，有着呈三角形的尖锐牙齿，上下互相交错排列。食人鲳可以凭借着这样的牙齿紧咬着猎物不放，然后以扭动身体的方式将猎物的肉撕裂下来，食人鲳的利齿一口可咬下16立方厘米的肉。它的牙齿还可以轮流替换，以使其能持续觅食。据说一副完整的食人鲳上下颚骨头可以被理发师当成剪发工具。

　　食人鲳喜欢群体觅食，有时一群有几百条之多。食人鲳凭借视觉、嗅觉以及对水波震动的灵敏感应来寻找食物。一旦察觉到水纹有变化，它们就会像离弦之箭一样迅速冲过去。它们的速度非常快，凭肉眼只能看到一团模糊的黑影。而且食人鲳的胆子很大，它们的猎物甚至包括比其大上好几倍的动物。并且，食人鲳的进食速度极快，在极短的时间内便能把巨大的猎物吃得干干净净，只剩一堆白骨。

海洋毒王——海蛇

中文名：海蛇

英文名：Pelamis platurus

别称：斑海蛇

分布区域：西起波斯湾东至日本，南达澳大利亚的暖水性海洋都有分布

　　海蛇的体色为黑色或棕色，腹部的颜色为明亮光鲜的黄色。海蛇的身体扁平，鼻孔朝上，有膜瓣，可以合闭，能关闭鼻孔潜入水下达10分钟之久，尾呈桨状，适合在水里生活。有些海蛇的躯干比头和颈部粗，这样更有利于它们在咬猎物时保持身体的平衡。海蛇身体表面大多有鳞片包裹，鳞片下面是厚厚的皮肤，这样可以有效防止海水渗入和体液流失。除了具有宽大腹鳞的阔尾海蛇像陆栖蛇，其他的海蛇腹鳞都非常小。海蛇舌下的盐腺，有平衡体内盐分的作用，还可以把多余的盐分排出体外。

　　世界上绝大多数的海蛇都聚集在大洋洲北部至南亚各半岛之间的水域内。海蛇一般喜欢在海岛和大陆架周围的浅水中栖息，在水深超过100米的开阔海域中就很少见到海蛇。不过，不同种类的海蛇会选择不同的栖息环境，它们有些喜欢在珊瑚礁周围的清水里活动，有的却喜欢待在沙底或泥底的浑水中。此外，不同的海蛇潜水的深度也不等，有的深有的浅，有深水海蛇和浅水海蛇之分。深水海蛇的潜水时间一般长达3个小时，不过，相对来说，它们在水面逗留的时间比浅水海蛇长，尤其是在傍晚和夜间这段时间，深水海蛇更是不舍得离开水面。浅水海蛇的潜水时间一般都不超过30分钟，相对来

说，它们在水面上停留的时间也很短，每次只是稍露下头，吸上一口气就立刻回到海中。

　　海蛇的脑神经细胞十分近似于人类的脑神经细胞，所以海蛇具有很高的通灵悟性。海蛇那小小的头部聚集了成千上万条神经，这些神经能够对外界的细微变化作出感应，并以1/10秒的速度迅速作出反应，这也是海蛇动作迅速、反应敏捷的原因。另外，海蛇的神经系统中还存在有一种叫海蛇活肽的特殊物质，这种物质不仅能够保持海蛇的脑血管时刻畅通，还可以修复损坏的神经细胞。

　　海蛇能在海中存活是由于它们的毒牙可以轻易地杀死捕获的猎物和有效地威慑敌人。海蛇大多有毒，其毒性比陆地上最毒的动物眼镜蛇要大得多，其中钩吻海蛇的毒液相当于眼镜蛇毒液毒性的两倍，并且相当于80倍的氰化钠毒性。贝尔彻海蛇是世界上最毒的海蛇，如果按照单位容量毒液毒性来讲，它的毒性是陆地上眼镜王蛇的毒性的200倍，是世界上真正的毒中之王。

海蛇的毒液都是神经毒，成分跟眼镜蛇的毒液相似。被海蛇咬后不会感觉到疼痛，因为海蛇的毒性有一段潜伏期，在30分钟甚至3小时内都不会出现明显的中毒症状，所以很容易使人麻痹大意，失去最佳的治疗时机。事实上人体会很快吸收海蛇的毒液，毒性发作时人们首先会觉得眼睑下垂，肌肉又酸又痛还很无力，跟破伤风的症状十分相似，同时心脏和肾脏也会逐渐衰竭。被咬伤的人，或许在几小时后，也可能是在几天之后死亡。

尽管凭借身上的剧毒，海蛇们可以在海洋里生存发展下去，但是它们也有自己的天敌，海鹰和其他肉食海鸟就以海蛇为食。只要它们一看见海蛇游到海面上，就迅速从空中俯冲下来，衔起一条就远走高飞，尽管海蛇在海中非常凶狠，可它一旦离开了水就失去了进攻能力，乖乖地成为海鹰和肉食水鸟的嘴下亡魂。

海洋霸王——虎鲸

中文名：虎鲸

英文名；Killer Whale

俗称：杀人鲸、凶手鲸、逆戟鲸

分布区域：全世界的海域，日本北海、冰岛

在大海里有一种像老虎一样凶猛的动物，那就是虎鲸。虎鲸可以说是最凶猛的海洋动物了。但有人却认为大白鲨是海中的猛兽，因为大白鲨经常攻击人类，相反，历史上还没有过虎鲸攻击人类的事例，不仅如此，还在很多地方流传有虎鲸救助落水渔夫的故事，所以就给人造成了一种错觉，认为大白鲨才是海洋中最凶猛的动物。事实上虎鲸才是真正的海洋之王，它们是鲨鱼的天敌。

虎鲸是一种大型齿鲸，是海豚科中体型最大的物种，身长为8～10米，体重9吨左右，性情凶猛，善于进攻猎物，是企鹅、海豹等动物的天敌，有时它还袭击同类须鲸或抹香鲸，是名副其实的海上霸王。它们分布遍及世界各大洋，喜欢栖息在0℃～13℃的较冷水域，以南北两极等冷水海域和近海区较常见，部分虎鲸会终年停留于南极海域，而在北极的虎鲸则很少接近浮冰。

虎鲸体形呈纺锤形，表面光滑，身体的颜色黑白分明，背部为漆黑色，腹面大部分为雪白的颜色。它们的头部呈圆锥状，嘴巴细长，没有突出的嘴喙，牙齿锋利，上下颌上共有40～50枚圆锥形的大牙齿；鼻孔在头顶的右侧，有开关自如的活瓣，当浮到水面上时，就打开活瓣呼吸，喷出一片泡沫状的

气雾，遇到海面上的冷空气就变成了一根水柱。前肢变为一对鳍，很发达，后肢退化消失。高耸于背部中央的强大的三角形背鳍，弯曲可长达1米，既是进攻的武器，又可以起到舵的作用。虎鲸泳速很快，最快可达时速55千米，潜水的时间也很长，最多能达到30分钟以上。虎鲸喜欢群居，有2～3头的小群，也有40～50头的大群。

虎鲸的牙齿坚硬但不锋利，因此它的牙齿是主要用于摄取食物而不是咀嚼食物，虎鲸一般是整个吞下自己叼住的食物。虎鲸的食物非常丰富，从小型结群鱼类、鱿鱼到大型须鲸与抹香鲸都是它们的狩猎目标。此外，虎鲸的猎物还有海豹等鳍脚类动物、海龟、海豚、海狗、海獭、海牛、儒艮、鲨鱼、魟等，甚至还有趁游泳横渡水道时伺机捕食鹿与麋鹿。不同的虎鲸族群有不同的食物种类偏好，例如某些族群主要以鲑鱼、鲔鱼或鲱鱼等鱼类为主要食物，某些族群则以鳍脚类动物为主要食物，或跟随迁徙中的鲸群。

虎鲸经常合作袭击并制服大型猎物，但有时它们也会合力将鱼群集中成一个大球，然后轮流钻入取食。在捕食的时候，虎鲸还会使用诡计，比如，它会先一动不动地将腹部朝上漂浮在海面上，看起来就像一具死尸。当乌贼、海鸟、海兽等接近它的时候，虎鲸就会突然翻过身来，张开大嘴把靠近它的猎物吃掉。有时，虎鲸也会先用尾巴将海狮等猎物击昏，然后就尽情地享受一顿"美餐"。

猪牛怪兽——河马

中文名：河马
英文名；Large Hippo
分布区域：北美洲和欧洲

　　河马的名字里虽然有"马"，但与马实在没有什么密切的联系，它们唯一的近亲居然是海洋中的鲸。河马一词原意是"河中之马"，这是希腊人对这种强悍野兽的称呼，但实际上把它们称之为"河中之猪"或者"河中之牛"更为贴切。因为河马有猪一样的身子，牛一样的脸，它的眼睛和鼻孔都长在面部的上端，平时只露出这两样东西在水面上，一副悠闲模样。

　　河马是一种喜欢生活在水里的动物，基本上除了上岸吃草和睡觉，其他时间都待在水里，它们可算作是淡水物种中最大型的杂食性哺乳类动物，体型仅次于陆地上的大象。一头成年的雄性河马体长可以超过4米，体重达到3000多千克，它们的身体即使在发育成熟后还会继续生长。雌性河马的体型要小得多，25岁以后，它们便停止生长了。

　　河马对水无比的依赖，尽管离水后它们身上会分泌出带有红色色素的液体，可以起到防晒的作用，但离水时间一长，它们的皮肤便会因干燥而裂开。因此，河马几乎整日待在水中，吃喝拉撒基本都在水里解决，而且河马有极其恶劣的卫生习惯——随地大小便，常常是边走边排泄，这还不算完，还在排泄过程中不断摇摆它们的尾巴，把粪便弄得四处飞散。

　　河马的脾气非常暴躁，是一种相当危险的动物。一旦有动物挡住了它的路，河马就会发疯一般地冲上来，疯狂且残忍地将拦路者咬成两半。河马最让人哭笑不得的是它有一种独一无二的暗器——自己的粪便，河马一旦生气起来，就会拿起自己的粪便向对方甩去。不过，河马的这种行为在无意间也做了好事，被扔出去的粪便滋养了更多的植物，对当地的生态环境是很有好处的。

　　河马虽然是植食性动物，但却长有又长又尖利的犬牙，一头成年雄性河马在发怒时甚至可以一口咬断身强体壮的尼罗鳄。雄性河马的领地观念十分严重，自己的领地一旦被侵入，河马就会暴怒，用暴力对付入侵者，甚至会杀红眼。杀红了眼的雄性河马甚至会在暴怒之下杀死小河马。雌性河马的性情虽然不像雄性河马那么暴烈，但在哺育期间的雌性河马会毫不犹豫地攻击靠近自己领域的生物，以保护自己的孩子。

现在，由于对偷猎者的严厉打击，导致象牙越来越稀少，人们逐渐转向象牙的替代品，于是河马牙落入人类的视线。曾经横行无敌的河马，却逃脱不了偷猎者的枪口，这算不算是自然界所有动物的悲哀呢？

海洋智者——海豚

中文名：海豚
英文名：dolphin
分布区域：世界各大洋

　　海豚是一种非常聪明的动物，它们温顺可亲，也愿意与人接近，甚至比经常与人接近的狗和马更容易对人类产生好感。当它们遇到人类时，既不像森林中胆小的动物那样见人就逃，也不像深山老林中的猛兽那样遇人就张牙舞爪，它们会仔细"察言观色"，如果察觉人类并无敌意后，海豚的戒备之心逐渐下降，甚至会游到人们伸手可及的距离。如果遇到海豚，只要其中的一条不经意地逐渐靠近人，其他的海豚也会慢慢地游过来。

　　海豚属于鲸类，而且它并不是单独的一种，海豚是和鲸、鼠海豚在5000万年前一起由陆生哺乳类动物演化而来的。海豚的智力非常发达，它的脑容量仅次于人类。经过训练后，海豚可参与人类活动，比如打乒乓球、跳火圈等，因此海豚有"海中智叟"之称。令人惊奇的是，海豚的大脑居然可以完全隔开，即当其中一部分工作时，另一部分可以进行充分的休息，这个时候它们往往是闭着一只眼，预示着身体中一半进入睡眠状态，所以海豚可以终生不眠。

　　海豚有细长的尖吻，约有108颗尖细的牙齿，主要以小鱼、乌贼、虾、蟹等为食，大多生活在浅海区。它们会在不同的地方进行不同的活动，休息或游玩时会聚集在靠近沙滩的海湾，捕食时则出现在浅水及多岩石的地方。它

们喜欢过"集体"生活，少则几条，多则几百条，当它们在海面上跳跃、游玩、捕食时，流线型的身体依次划过海面，场景非常壮观。在海豚群中还有一种奇特的现象，据说每次集体捕猎时，族群中总会有一只固定的海豚充当"追猎"的角色，将四周的小鱼赶到由其他海豚设计好的包围圈中。这种捕猎方式只在非洲母狮中发现过，可见海豚有着堪比"草原之王"的智慧。

海豚是非常"聒噪"的动物，在海中捕食或游玩时，它们经常使用频率在200～350千赫的超声波来进行"回音定位"。即使你把海豚的眼睛蒙起来，把水搅浑，它们也能迅速而准确地找到食物。海豚不但有惊人的听觉，还有高超的游泳技能和异乎寻常的潜水本领。海豚用肺呼吸，但却可以潜至300米深的海水中，而人不穿潜水衣，只能下潜20米。海豚的游泳速度更是惊人，可达到每小时40千米，相当于鱼雷快艇的中等速度。

海豚非常重视感情，无论是自己的小宝宝，还是敌人的幼仔，只要是海洋中的弱者，它们都会毫不犹豫地游过去，用细长的吻一次次把弱者顶起来，并数天守护在弱小者身旁。如果不幸小海豚出生后失去了性命，母海豚会奋不顾身地设法让小海豚复生，甚至会因体力衰竭而死亡。

　　海豚非常愿意亲近人类，在澳大利亚蒙凯米海滩的海豚已经与人类建立了深厚的友谊。在这里，每天都有数条海豚游向海滩，接受人类给它们的食物和鱼饵，当它们高兴的时候，还会回报以精彩的表演。也许在不久的将来，会有更多的海豚与人类建立联系，到那时人类会揭开更多的关于海豚的秘密。

海中的魔鬼——蝠鲼

中文名：蝠鲼

英文名：devil ray/manta ray

别称：毯𫚈

分布区域：暖温带及热带沿大陆及岛屿海区

蝠鲼是软骨鱼纲、蝠鲼科几种海产属鱼类的统称。蝠鲼一般体扁平，它们的体型呈不规则的椭圆形，身长可达6米，最大可达8米以上，体重可达3吨。因它们的游姿与夜里飞行的蝙蝠有些相似而得此名。

虽然蝠鲼外表怪异甚至恐怖，很难让人把它们与正统的鱼类联想到一起，但事实上它们却与鲨鱼是近亲。它们早在中生代的侏罗纪时期就出现在海洋中了，一亿多年来，它们的体型几乎没有变化。

蝠鲼身体扁平，宽大于长，头宽大平扁，吻端宽而横平，头前有由胸鳍分化出的两个突出的头鳍，位于头的两侧，胸鳍长大且肥厚如翼状，它还有一个小型的背鳍，尾细长如鞭。有些种类的尾部有一个或多个毒刺，像铺石一样排列，口宽大，牙细而多，上、下颌具牙带，但上颌可能没有牙齿，鼻孔位于口前两侧，喷水孔为三角形，较小，位于眼后，距眼有相当一部分的距离，出水孔开口于口隅。蝠鲼鳃孔宽大，正中延长尖突，腰带呈深弧形，同样也是正中延长尖突。卵胎生，母体子宫壁上有乳头状突起，分泌营养液以滋养发育后期的胎儿。胎儿体盘宽约0.41米，幼体体盘宽约1.44米。仔鱼体盘宽约1.13米。

　　蝠鲼腹面灰白且散布着零星的深色斑点，背面多为黑色或灰蓝色，体型就像是一张巨大的毯子，再加上其身体后部有一条又圆又细的尾巴，酷似"海上风筝"。

　　蝠鲼是一种罕见的会飞的鱼，它"凌空出世"的飞跃特技很是受人瞩目。蝠鲼喜欢成群结队活动，尤其是在繁殖季节里，它们常用双鳍拍击水面，而后跃出水面，在离水面一人多高的上空进行滑翔、翻斗，在落水时，发出犹如炮弹爆炸一样的巨响，波及数里，令人叹为观止。

　　它们有时潜栖海底，有时雌雄成双成对升至海面。为了成功的跃出海面，蝠鲼要做大量的准备工作。它们首先在海中以旋转式的方式上升，在接近海面时，转速和游速逐渐加快，直到成功的跃出水面。蝠鲼在跃出海面的瞬间还经常伴以漂亮的空翻，最高时它们能跳2米高。至于蝠鲼为什么要跃出海面，至今仍说法不一。大部分人觉得这是蝠鲼甩掉身上寄生虫和死皮的自我清洁的方式，但也有人说这是它们驱赶、诱捕食物的一种方式，还有人认为这是雌雄蝠鲼在繁殖季节里演绎的浪漫的调情游戏。

　　蝠鲼的力气让人望而生畏，它的肌力很发达，就连最凶猛的鲨鱼也对它们畏惧三分。它们一旦发怒，后果十分可怕，它们只需用那强有力的"翅膀"一拍，就能轻易折断人的骨头，甚至将小船掀翻，致人于死地。尽管生气的蝠鲼是非常恐怖的，但事实上它们却是一种性情温和的鱼类。

　　蝠鲼是鳐鱼中最大的种类，主要以浮游生物和小鱼为食，平时性格安静、沉稳，经常在珊瑚礁附近巡游觅食。它们喜欢扇动着大翼在海中悠闲游动，碰上浮游生物和其他微小的生物，就用头鳍把它们拨进宽大的嘴里。它们没有任何领地行为和攻击性。蝠鲼头上长着两只肉足，是它们的头鳍，头鳍翻着向前突起，可以自由灵活地转动。它们从不任意攻击其他海洋动物，即使两只蝠鲼相遇也会相安无事，在遇到潜水者时，蝠鲼常会羞涩地主动离开，不会袭击他们，有些好奇心强的蝠鲼会被潜水员呼吸时冒出的气泡吸引而迎上去接近这些潜水员，并喜欢被他们抚摸躯体。据说，有位胆小的潜水员被这种巨大而奇怪的动物吓到了，在匆忙躲闪中不小心坐到了蝠鲼的背上，结果被这条蝠鲼载着潜入海底好好地"游览"了一下水底世界。

　　蝠鲼虽然形体看起来大而笨重，但实际上它们的行动非常敏捷，凭借翼状的胸鳍在水中畅游无阻，它们可以像鳐式飞机一样在水面上划行。游泳时，头鳍从下向外卷成角状，向着前方，鳃耙有些角质化，呈一系列羽状筛板，起滤水留食作用。蝠鲼平时栖息在海底，不过有时浮出水面觅食，有时又在刹那间潜到海底。它们偶尔还会碰翻渔船，因此人们又叫它"鬼鳐"。

美丽杀手——海蜘蛛

中文名：海蜘蛛

英文名：Sea Spider

别称：皆足虫

分布区域：分布于各大海洋

　　除名字类似以外，海蜘蛛这一海生节肢动物纲的物种与陆生蜘蛛关联很少。大部分海蜘蛛体长从1毫米至1厘米不等，体型极小。少数较大的物种主要出现在深海区，例如，部分巨吻海蛛属物种的腿间距离竟达70厘米。

　　海蜘蛛仅为海生物种，从潮间带到深海甚至深及7000米的海底都有它们的踪迹。它们的悬挂姿态十分夸张，如同放大了的蜘蛛一样，人们常发现它们跨坐在一些无法动弹的猎物身上。海蜘蛛用爪抓住根基，能从其猎物群中的一个猎物荡到另一个上，而不需改变腿的姿势。大部分海蜘蛛只能在海底缓慢移动，也有许多海蜘蛛擅长游泳。

　　海蜘蛛的躯干一般小而窄，顺着躯干侧面的突起有4对长腿。有的物种甚至有10条或者12条腿。它们的吻旁有螯和触须，吻的形状和大小依物种而各不相同(陆生蜘蛛不具备这类取食结构)。

　　海蜘蛛的食物包括软体无脊椎动物，如腔肠动物(水母、软珊瑚和海葵)、苔藓动物、小型沙蚕和海蚯蚓、水螅体、海绵和藻苔虫。它们常用的取食方法有两种，一种是通过吻将猎物的身体组织吮吸进来，另一种是用螯将猎物组织切割成块，并送入位于吻尖部的嘴内。也有极少数海蜘蛛以藻类为食。

　　除了步足外，海蜘蛛还有1对小型腿，雄性的这对小型腿尤为发达。雌性产下卵后，雄性将卵拾起，黏在自己这对小型抱卵(带卵)腿的第4个关节上，并进行受精和孵化。受精卵随后被孵化为原丝海蛛幼体，有3对附肢，分别是早期的螯、触须和抱卵腿。经过一系列蜕皮，原丝海蛛幼体的附肢数量不断增加，逐渐发育起来。

　　海蜘蛛身体的颜色繁多，一般为白色或透明，但深海物种则是鲜艳的红色。海蜘蛛窄小身体的表面积与体积的比率十分高，这意味着其身体内部的每个部位与外界的距离都十分短，因此气体和其他溶解物质能有效地通过扩散的方式进行流通，所以海蜘蛛也不必有专门的排泄、渗透调节或呼吸器官。同时由于它们的身体没有足够的容纳空间，这也意味着其繁殖器官和消化憩室的一部分必须要转移到其相对较大的腿部。

名不虚传——翻车鱼

中文名：翻车鱼
英文名：Mola mola
分布区域：遍布世界温带和热带海域

　　翻车鱼，学名"翻车"，体高而侧扁，就像被削掉了一半，全身只有前半部，看不见鱼尾。头和眼睛都很小，眼位于身体的上侧位，吻圆钝。生有背鳍，呈尖刀状，另有较大的臀鳍与背鳍相对，在身体后端相连，形成"舵鳍"，边缘呈曲线状。没有腹鳍和尾鳍，胸鳍也较短小。身体背侧为灰褐色，腹侧为银白色，鳍多为灰褐色。

　　其实，处于胚胎期的翻车鱼与其他鱼种并无异样，它的怪模样是在成长过程中逐渐形成的。翻车鱼的体型较大，最大的翻车鱼体长可达3～5米，体重约1.5～3.5吨。有趣的是，体型巨大的翻车鱼却长着樱桃般的小嘴，这种巨大的反差使它看起来有些滑稽可笑。不过，翻车鱼的这张小嘴却能帮助它们摄入足以养活自己巨大身躯的食物。翻车鱼是杂食性动物，既食鱼类和海藻，也摄食软体动物和浮游甲壳类。

　　翻车鱼多栖息在热带、亚热带海洋。它的游动速度很快，但游泳能力却不强，仅仅依赖两片特长的背鳍和臀鳍的摆动来控制方向，一般是在海洋中缓慢前进或随波漂流。

　　当天气好时，翻车鱼会在海面上晒太阳。此时，它会将背鳍露出水面作风帆，随风向漂浮。当天气不好时，翻车鱼便会侧身平浮于水面，依靠背鳍

和臀鳍划水游动。

性情温顺的翻车鱼经常会受到虎鲸或海狮的袭击。海狮经常会袭击在夏季随着温暖的洋流进入食物充足的墨西哥蒙特雷湾的大量年幼的翻车鱼。海狮常常会撕咬翻车鱼的背鳍和胸鳍，如果撕不开翻车鱼又厚又硬的皮，海狮便会把失去活动能力的翻车鱼抛向水面，这样待宰羔羊般的翻车鱼只能沦为海鸥的美餐。

翻车鱼是鱼类中的产卵冠军，一只翻车鱼一次能产卵3亿粒之多。为什么动物产卵有多有少？一只翻车鱼产出3亿粒卵，如果都孵化成鱼，岂不会充塞海洋、泛滥成灾吗？这确实是一个很有趣的问题。原来，一种动物产卵的多少并非由其"意愿"决定。在生物进化的历史长河中，只有那些能够在复杂多变的自然环境中保持后代有一定成活率的物类，才能不被大自然淘汰，从而繁衍至今。它们有的像翻车鱼一样会产很多卵，但它们产卵后就会任卵在自然条件下孵化成长。如此众多的卵或幼小的动物没有任何保护措施地散布在大自然中，经过一场暴风骤雨、一阵汹涌的波涛或者是酷暑严寒的袭击之后，它们中的一部分便会成为大自然的牺牲品，还有的则成了那些肉食性鱼、蛙、鸟、兽、蜥蜴的美味佳肴，最后能够成年的寥寥无几。所以，虽然翻车鱼产卵多达3亿粒，可是活下来的几率只有百万分之一，这就不难理解它们为什么永远也不会充塞海洋了。事实上，目前世界上的翻车鱼数量相当稀少，要想捕到翻车鱼是一件很难的事情。

娃娃鱼——大鲵

中文名：大鲵

英文名：Andrias davidianus

别称：人鱼，孩儿鱼、娃娃鱼

分布区域：中国长江、黄河及珠江中上游支流的山涧溪流中

大鲵，俗称娃娃鱼，是国家二类保护水生野生动物。大鲵是现存的两栖动物中体形最大的动物，成年大鲵的体长可达1~1.5米，体重最重的大鲵在50千克以上。大鲵的外形和蜥蜴有点类似，不过比蜥蜴更加肥壮扁平。大鲵有着又扁又平的头部，呈钝圆形。大鲵的嘴巴很大，视力并不好，没有眼睑。大鲵的身体前部扁平，至尾部逐渐转为侧扁。体两侧有明显的肤褶，四肢又短又扁，指、趾前四后五，都有微蹼。大鲵的尾巴呈圆形，尾巴上下有鳍状物。体表布满了黏液，十分光滑。大鲵的体色为身体背面黑色和棕红色相杂，腹面颜色浅淡。

大鲵多在山区的溪流之中栖息，并且只能在水质清澈、含沙量不大、水流湍急，且有回流水的洞穴中才能生活。

大鲵并不擅长追捕猎物，它一般只是隐蔽在滩口的乱石间，突然袭击经过的猎物。大鲵口中的牙齿又尖又密，一旦咬住猎物，可以有效的阻止入口的猎物逃掉。大鲵的牙齿并没有咀嚼功能，一般都是囫囵吞下食物，然后在胃中慢慢消化。

大鲵的耐饥本领很强，可以忍耐2~3年不进食。不过，大鲵同时也能暴

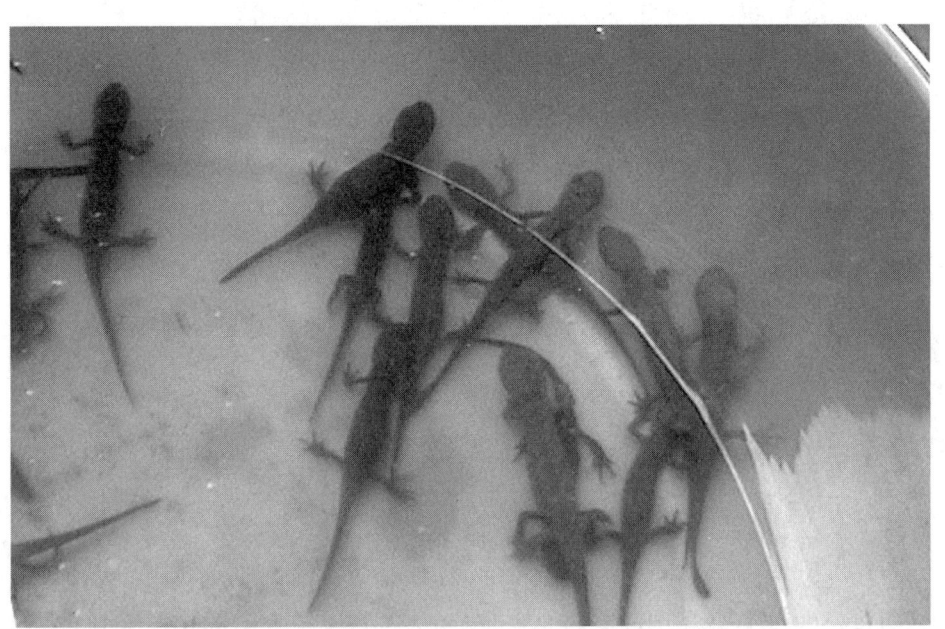

食，饱餐一顿可增加体重的五分之一。大鲵的主要食物是鱼、蟹、虾、蛙和蛇等水生动物。但是，在食物缺乏时，大鲵中间会出现同类相残的现象，有的大鲵甚至会以卵充饥。

大鲵一般都匿居在山溪的石隙间，洞穴位于水面以下。在中国，除新疆、西藏、内蒙、吉林、辽宁、台湾等地尚没有关于大鲵的报道外，其余省区都已经发现了大鲵。

据统计，大鲵的自然资源蕴藏量约为9万尾，以丘陵山区资源量为多，但是在经济发达地区，由于工业污染的加剧，大鲵的资源更显不足。

笑里藏刀——水母

中文名：水母

英文名；Jellyfish

分布区域：全球各地的海域里

　　水母的种类繁多，全世界大概有250多种，直径大小从10厘米到1米不等，常见于各地的海洋中。它是一种低等的腔肠动物，身体的主要成分是水，并由内外两胚层组成，两层间有一个很厚的中胶层，呈透明状，而且有漂浮作用。它们在运动时，利用体内喷水反射前进，远远望去，就好像一顶圆伞在水中迅速漂游。根据其伞状体的不同，水母可分为多种，如伞状体像和尚帽子的叫僧帽水母；伞状体像是船上的白帆的是帆水母；伞状体像雨伞的叫雨伞水母；伞状体发银光的叫银水母；伞状体闪耀着彩霞光芒的是霞水母等。普通水母的伞状体不大，较小的只有20～30厘米长，但体型较大的霞水母的巨伞直径可达2米，下垂的触手长20～30米。1865年，在美国麻萨诸塞州海岸，有一只霞水母被海浪冲上了岸，这个水母的伞部直径为2.28米，触手长达36米。令人惊讶的是，把它的触手拉开，从一条触手尖端到另一条触手的尖端竟有74米长。水母的寿命大多仅有几个星期，也有能活一年左右的。灯塔水母是世界上唯一能长生不老的水母。

　　大部分水母都能发光。当水母在海上成群出没的时候，像一个整体那样在海面上紧密地聚集在一起，细长的触手向四周伸展开来，跟着一起漂动，十分壮观。在海涛如雪、蔚蓝的海面上点缀着许多优美的伞状体，它们闪耀着微弱的淡绿色或蓝紫色光芒，有的还带有彩虹般的光晕，看上去色彩和游泳姿态都美丽极了。栉水母在海中游动时，8条子午管可以发射出蓝色的光，这个时候栉水母就变成了一个光彩夺目的彩球。在水母的中间和周围部分，分布着几条平行的光带，当它游动的时候，光带随波摇曳，非常优美。水母可以发光是由于一种叫埃奎明的奇妙的蛋白质，这种蛋白质和钙离子相混合的时候，就会发出强蓝光。每只水母平均只含有50微克的埃奎明，这种物质的含量在水母体内越多，它发的光就越强。

　　水母的伞状体内有一种特别的腺，可以发出一氧化碳，使伞状体膨胀。水母遇到敌害或者在遇到大风暴的时候，就会自动将气放掉，沉入海底。海面平静后，它只需几分钟就可以产生气体让自己膨胀并漂浮起来。

　　经过多年的观察与研究，科学家们发现水母有一套构造特殊的听觉器官。当海上风暴来临之前，空气与海浪相互摩擦，会产生出一种振动频率为8～13赫兹的次声波，这是人类感觉不到的。次声波传播的速度远远大于风暴，它冲击着水母的听石，听石又刺激神经感受器，这样水母就能预知风暴的来临了。每当风平浪静的时候，水母就在近海处怡然自得地漂游、升降或嬉戏，

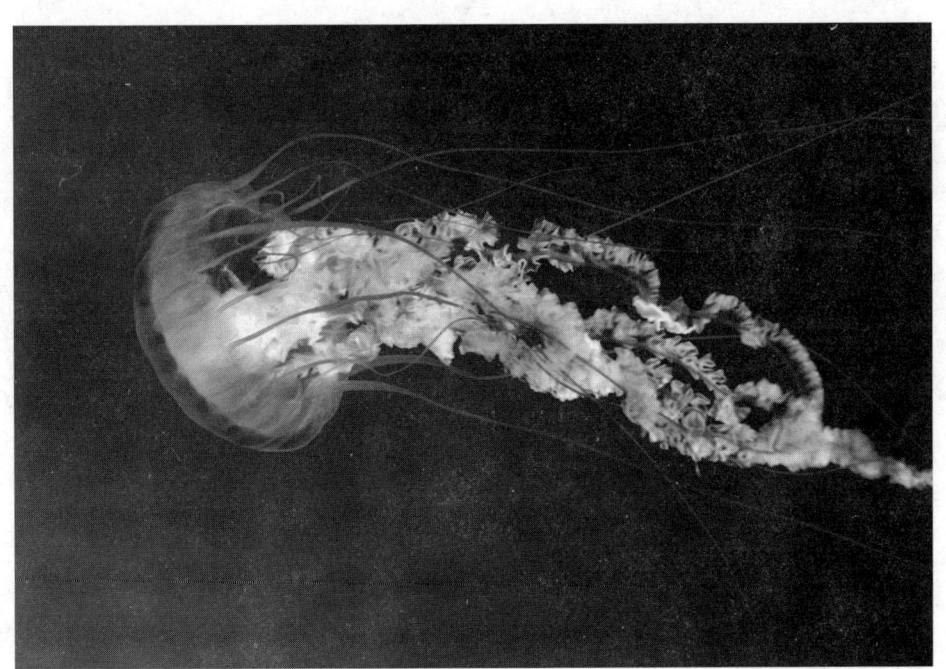

而当风暴来临之前，它们会纷纷离开海岸，游向大海深处。对于风暴的预知，它们从来都不会判断错误，异常精确。

由此，科学家设计了风暴预报仪，这种预报仪模仿水母的感受器，一般可以提前十几个小时预报风暴，从而指导海上航行的船只提前采取预防措施，保证人们的安全。

当我们在炎热的夏天里弄潮游泳时，如果突然感到像被鞭打一样，身体的前胸、后背或四肢一阵刺痛，那肯定是水母又在作怪刺人了。被一般的水母刺到只会出现红肿，涂上消炎药或食用醋，几天过后就能消肿止痛了。有两种分别叫做海黄蜂和曳手的水母，又被称做杀手水母，它们生活在马来西亚至澳大利亚一带的海面上，其分泌的毒液毒性很强，如果被它们刺到的话，在几分钟之内就会呼吸困难最终导致死亡。所以当被水母刺伤，发生呼吸困难的现象时，应立即实施人工呼吸，或注射强心剂，千万不可大意。

第三章

无脊椎水域动物家族

　　无脊椎动物的身体结构都比较简单、原始。可是无脊椎动物的种类非常繁杂，现存的种类至少有100多万种，已经灭绝的种类更是数不胜数。无脊椎动物在世界上已经知道的有30多个门类，主要包括原生动物、海绵动物、肠腔动物、扁形动物、环节动物、软体动物、节肢动物、棘皮动物等。

海中的花和果实——海绵

中文名：海绵

英文名；Spongiatia or Sponge

分布区域：全球各地的海洋中

海绵是一种不会运动的奇异动物，也不会对外界作出反应。海绵在热带海洋和寒带海洋中都能生存，一般附着在海床或者海底岩石上。海绵上密布有密密麻麻的小孔，海洋中的的水流通过海绵的小孔进入海绵的身体，并在里面循环，最后通过一个较大的孔排出，这个孔就是出水孔。这股通过海绵身体的水流能为海绵提供食物和呼吸需要的氧。海绵既可以通过分裂进行生殖，也可以通过受精卵进行生殖。海绵的受精卵会逐渐变成会游泳的幼体，经由通过海绵的身体的水流排出体外，然后在某个地方固定，再长成新的海绵。

海绵身体柔软似绵，大都生活在海洋里，"海绵"之名即由此而来。 海绵既没有头、尾，也没有躯干和四肢，更没有神经和器官，可称得上是世界上结构最简单的多细胞动物。18世纪以前，人们一直以为海绵是植物，后来，随着显微镜的发明以及动物胚胎学研究的进展，人们才终于确定了海绵的真正属性。所以，海绵虽然被称为"海中的花和果实"，看上去似植物一般，实际上它是一种动物。

海绵有着奇特而强大的再生能力。如果人们把它撕成碎片抛入海中，它就可以一块块独立长成一个个完整的新个体。海水从海绵的小孔流进去，又从大孔流出来，那些微小的生物随着水流进入海绵体内，成为"自投罗网"

的食物。

　　海绵喜欢和其他生物共生共栖。有些水藻长在它的身上使它全身变为绿色，乍看起来就像是一个美丽的水藻。有些沙蟹喜欢把它撕成碎块贴在腿或壳上，让其在它们的身上生长起来，好似披上一层厚厚的铠甲，沙蟹以此来防御敌害。海绵还常固着在峨螺或牡蛎壳上，深受它们的喜爱，因为海绵能分泌出难闻的气味，帮助它们吓退敌害。

　　更有趣的是，在海绵的体内有时会发现一对活的小虾。这是一些成对的雌雄小虾，小虾钻进它的体内居住，长大了也出不来，"困"在里面，一直到老死。海绵供应小虾养料，而小虾则在它的体内清理孔道内的污物，它们就这样互惠互利，和谐共存。这种现象生物学上称之为"偕老同穴"。而生活在海绵体内的小虾，由于过着这种"牢笼"生活，所以能够白头偕老，至死不渝，成为忠贞爱情的象征。日本人常把它们当作结婚礼物送给伉俪，小虾也美其名曰"俪虾"。

　　海绵能分泌一种类似于毒液的物质，这是它的防御手段，用以反击敌害，或杀死周围海水中的有毒微生物，使它们生活的海水周围变得比较洁净。

海中的星星——海星

中文名：海星

英文名；starfish

别称：星鱼、轮星鱼

分布区域：世界各地的浅海底沙地或礁石上

海星外形呈五角星状，因此又有"星鱼"之称，西方也称"轮星鱼"，是海滨最常见的无脊椎动物。海星有着十分鲜艳的体色，多呈鲜红、深蓝、玫瑰色、橙色，有的海星的体色是在粉红色的底色上点缀着紫色的虫纹状花纹和镶边，也有在蓝色的底色上点缀红斑和红边的海星。海星的5个角其实是它的5个腕，也有一些种类的海星不只有5个腕，甚至有26个之多。海星的体盘是它的腕在中央的汇合处。海星的背面微微隆起，颜色深而鲜艳。腹面略微向下凹，有口，颜色较淡。海星肛门很小，不能消化的残渣大多经口排出。

海星的种类十分繁多，全世界约有1600多种，有50～60种分布于中国沿海。其中，中国沿海的海星有类似于五角星的罗氏海盘车、像帽一样凸起的面包海星、皮棘如瘤的瘤海星、生有镶边的砂海星、有着蓝色短腕的海燕、腕细如爪的鸡爪海星以及形状像荷叶一样的荷叶海星等。海星的体型一般都不大，直径约在10~25厘米左右，也有少数直径可达1米以上。

海星的食物主要是贝、小鱼、珊瑚和海胆等。海星的食量很大，并且相当贪食。一只海盘车幼体一天可以吃下自己体重1.5倍的食物量，一只直径不过60厘米的浅绿色棘冠海星，一个月就要吃掉1立方米的造礁珊瑚。目前，

世界上10％左右的珊瑚环礁都是被海星毁灭的。澳大利亚库克敦和汤斯维尔之间的120个大珊瑚礁，有90％都是被海星毁灭的，由此可见，棘冠海星的破坏性是相当大的。

看似温文尔雅的海星，其实是一种相当凶猛的肉食者。一旦发现蛤等猎物，海星会先用活动的腕将其捉住，然后用强有力的腕和管足将蛤的壳打开，翻出自己的胃伸进蛤壳内，安静地享用美餐以后，再把胃拉回体内。海星的腕的拉力非常大，一只直径22.5厘米的海盘车就有40～50牛顿的拉力，因此可以拉开蛤的强有力的闭壳肌。海星的耐力也相当惊人，据实验，一只直径40多厘米的海星，用两夜一天的时间将一只需要50牛顿的拉力才能打开的模拟蛤打开了。除此之外，由于海星的胃能钻进直径0.2毫米的小孔取食，所以，海星只要把蛤的双壳拉开几毫米就可以取食了。因此，海星是贝类养殖的大害。

渔民对海星深恶痛绝，每遇之必手撕刀砍，将其大解八块，再投弃大海，以为这样就可以将其置于死地。谁知这竟然事与愿违。海星有很强的再生能力，无论被砍去一条腕或被其他动物咬掉一只腕，不久它都会生出新腕。再

生能力很强的砂海星，只要有1厘米长的腕就会长成一个完整的新海星，这就等于说将它砍成几块，就是帮它增添几个新成员。只有将它放在陆地上晒干才可使它永不能复活。

海星为什么会有这种魔术般的再生能力？科学家发现，当海星受伤时，后备细胞就被激活了，这些细胞中包含身体所失部分的全部基因，并和其他组织合作，重新生出失去的腕或其他部分。一般来说生物越简单其再生能力就越强，研究海星的再生能力，对研究人体组织的再生会有很大启迪。

海中刺客——海胆

中文名: 海胆
英文名; sea urchin
别称: 海刺猬、刺锅子
分布区域: 全球各大海域的海底

　　海胆的体形呈略扁的圆球状，既像盘、像心又像饼干，海胆的浑身都长满了刺，所以又被称作"海刺猬"或"刺锅子"。海胆的棘有长有短，有尖有钝，不同种类的海胆的棘的结构也不一样。海南岛珊瑚礁中盛产一种石笔海胆，状如盛开的花，俗称烟嘴海胆，因其棘甚粗壮，可做烟嘴用而得名。有的种类棘甚长，可达20多厘米。海胆的种类繁多，全世界约有850多种，中国沿海有100多种，常见的海胆有马粪海胆、大连紫海胆、心形海胆、刻肋海胆等。

　　海胆喜欢在暖水区域栖息，常躲在海藻丛生的潮间带以下的海区的石缝中、礁石间、泥沙中或珊瑚礁中。它们安静地生活在海底，白天休息晚上行动。海胆在行动时，会由壳上的小孔伸出来五行细微透明的管足，沿着海底缓慢地爬行，爬行的时候口部朝下觅食各种藻类或浮游生物。

　　海胆一般会在3年左右达到性成熟，开始履行繁殖后代的重任。因为海胆是群居性动物，一旦有一只海胆把生殖细胞排到水里，就会刺激到这一区域中所有成熟的海胆，使它们都排精或排卵，人们称这种习性为生殖传染病。海胆的繁殖能力很强，一只成熟的雌海胆能产4亿个卵，雄海胆能排上千亿精

子。受精后的卵子会像浮游生物一样随水漂动，在短短的几天后，就能发育成早期的有着长长的纤毛状腕的长腕幼虫，这些腕可以用来运动和帮助它们捕捉浮游植物吃。经过几天或几个月后，早期长腕幼虫会变态发育成后期长腕幼虫，这时候，幼虫的长腕会渐渐被身体吸收，发育成只有1毫米大的幼海胆。幼海胆只有少数棘和管足，但它生长发育很快，不久就能发育成一个成体海胆的雏形了。海胆的再生能力也很强，无论棘刺断脱，还是外壳破损或其他外部器官伤残，它都能一一修复。

千奇百怪——乌贼

中文名：乌贼

英文名；Squid

别称：墨鱼

分布区域：主要分布于北大西洋和北太平洋

　　乌贼又叫墨鱼，因其肚子里含有有毒的墨汁而得名，由于章鱼和枪乌贼是近亲关系，所以它是头足类中最为杰出的放烟幕专家，俗称墨鱼、墨斗鱼。当遇上危险时，乌贼就会立刻喷射出一股墨汁，把周围的海水染成一片黑色，混淆敌人的视线，而它们自己便能在这黑色烟幕的掩护下逃之夭夭了。乌贼体内的墨汁需要很长时间才能积贮起来，所以不到逼不得已，它们不会轻易施放墨汁。

　　乌贼约有100种，体长0.02~0.9米不等，稍扁，两侧有狭窄的肉质鳍，共有10条腕，有8条短腕，还有2条长触腕以供捕食用，并能缩回到两个囊内，腕及触腕顶端有吸盘。乌贼生活在热带和温带沿岸浅水中，冬季常迁至较深海域。常见的乌贼在春、夏季繁殖，约产100 ~ 300粒卵。乌贼主要吃甲壳类、小鱼或互食，敌害主要是大型的水生动物。现代的乌贼出现于2100万年前的中新世，祖先为箭石类。乌贼肉鲜美，富营养，墨囊可制墨水，有一厚厚的石灰质内壳，称为乌贼骨、墨鱼骨或海螵蛸，"海螵蛸"能入药。乌贼与大黄鱼、小黄鱼、带鱼并称为我国的四大海产。我国常见的乌贼有金乌贼与无针乌贼。

乌贼是游泳速度最快的海洋生物，它们在海水中游泳的速度能高达15千米每小时，最快时速甚至能达到150千米。而号称鱼类中游泳冠军的旗鱼，它们的最高时速也不过只有110千米而已。与一般的鱼靠鳍游泳不同，乌贼游泳的时候就像火箭发射一样，靠肚皮上的漏斗管喷水的反作用力而飞速前进。这股反作用力能使乌贼从深海中跃起，跳出水面高达7~10米，在反作用力的推动下，乌贼的身体就像炮弹一样，能够在空中飞行50米左右。

乌贼的成员千奇百怪，有的会发光，如萤乌贼，它们的腹部有3个发光器，有些在眼睛周围还有一个，能发出强光，保护自己；有的体型则天差地别。在所有的乌贼中，最小的是雏乌贼。它们的身长不超过1.5厘米，体重只有0.1克，和一颗花生的大小差不多。它们生活在日本海浅海的水草里，与一般的乌贼相比，只在背上多了一个吸盘，可以让它们吸附在水草上，不致被海水冲走。最大的就是被称为深海巨怪的大王乌贼了，它们到底有多大谁也说不清楚。

自古以来，有关海中巨怪的故事就一直在世界各地的渔夫和水手们中间流传着，在故事里，这些海怪体型巨大，形状怪异，有的甚至长着7个或9个头，其中最著名的应该是1752年卑尔根主教庞毕丹在《挪威博物学》中所描述的"挪威海怪"："它背部，或者该说它身体的上部，周围看来大约有1英里半，好像小岛似的……后来有几个发亮的尖端或角出现，伸出水面，越伸越高，有些像中型船只的桅杆那么高大，这些东西大概是怪物的臂，据说可以把最大的战舰拉下海底。"

大王乌贼又叫巨型乌贼、大王鱿等，曾经还被误认为是一种章鱼所以又被称作巨型章鱼。它们最显著的特点是有一对极长的触须，这对触须甚至有它们身体总长度的三分之二长。科学家们曾经揣测，大王乌贼是一种行动缓慢的动物，但事实上它们却是快速、凶猛的捕食者。

水中“刺猬”——刺鲀

中文名：刺鲀

英文名：porcupine fish

别称：刺乖、刺龟

分布区域：大西洋、印度洋和太平洋的海底

    刺鲀是河豚的近亲，它们最大的特点便是密布于身体表面的坚硬的刺。平时，刺鲀在温暖地区海底的珊瑚礁旁游荡，遇到危险，就会立即吞进大量的海水，这时它的身体马上会膨胀到原来的两三倍大，近乎一个球形。同时，棘刺也会根根竖起如同钢针，以此吓跑敌人，这一点与陆地上刺猬的自卫方式如出一辙。刺鲀身上的刺是由鳞片演化而来的，除了露在外面的尖锐部分，还有底部的刺基，每当棘刺竖起，刺基也会随之一块块连接起来在身体表面覆上一层硬甲以避免受到伤害。等到危险解除，它们又会把体内的水吐出来，恢复成原来的模样。

    刺鲀体短圆形，头和体的背面颇宽圆。尾部短小，似圆锥状。鳞已变成粗棘，棘下有2~3棘根，棘很长或粗短，仅吻端与尾柄后部无棘。口端位，中小形，上下颌的牙齿各愈合成一个大牙板状。眼侧位而高。鼻孔2个或无。鳃孔短小，侧位。背鳍与臀鳍相对，位于体的后部，均甚短小，无鳍棘；胸鳍侧位；无腹鳍；尾鳍圆形。有鳔。有气囊。刺鲀为热带海藻和珊瑚礁附近生活的底层鱼类。肉食性，以坚硬的珊瑚、贝类、虾、蟹等为食。有时遇到一条大鱼袭击一群小刺鲀，它们全都竖起了刺并聚集成团，看上去就像一个大刺球，使敌害望而生畏。

　　为了在必要时刻立即变形，刺鲀的胃已经失去了原来的消化功能，吃进的食物直接进入肠道消化，胃变成了简单的容器。平时，它们的胃褶皱起来，在遇到危险时才打开，储存吞进的海水或者空气。

　　除了吓退敌人，刺鲀的棘刺还有非常实际的作用——杀死鲨鱼。别看它们个头不大，却是对付鲨鱼的老手。大西洋里的瓦氏斜齿鲨一次可以吞进40多只深海刺鲀，这些刺鲀将计就计，进入鲨鱼胃里后就开始发威，一个个鼓足了身子在鲨鱼体内横冲直撞，活活将鲨鱼疼死。可怜的鲨鱼空有一副庞大的身躯和交错的尖牙，却被小小的刺鲀从柔软的内部击破，真是"祸从口入"啊! 鲨鱼再后悔也是无用了，在它疼得昏天暗地的时候，其他没被吞食的刺鲀围了过来，与鲨鱼腹内的刺鲀里应外合，很快，风光无限的鲨鱼只剩下雪白的骨架了。

铠甲"将军"——龙虾

中文名：龙虾

英文名；Palinuridae

别称：大虾、龙头虾、虾魁、海虾

分布区域：热带海域

龙虾是现代虾类中个体最大的类型，一只龙虾至少重0.5千克以上，长20～40厘米，大的有4～5千克。据报道，台湾渔民捕到几只大龙虾，触须加体长达120多厘米，重5千克多。就世界来讲，这还不是最大的，分布于地中海、欧洲及非洲沿岸的普通真龙虾，体长45厘米，重8千克；非洲的哑龙虾更大，长51厘米，重10千克，简直就像一只小猪。我国约有8种龙虾，分布最广的要算锦绣龙虾，数量最多的要算中国龙虾。中国龙虾与日本产的日本龙虾和澳大利亚产的澳洲龙虾都是著名的珍贵食用虾类。

龙虾的个子很大，但龙虾的有些同宗兄弟却长得很小。如体形如扇的扇虾，体长只有10～20厘米；拟扇虾活像一只草鞋，长也只有20厘米左右；扁虾身体扁平，长只有10厘米；蝉虾则更小，和树上的知了差不多。它们都属爬行虾类。

龙虾在生长过程中需要不断蜕皮。龙虾的蜕皮过程是：首先在尾和躯干部胀开一条横向裂缝，然后将身体侧卧弯曲，再慢慢从裂缝中蜕出来。龙虾能够顺利蜕皮是因为蜕皮时龙虾的大螯里的血液会倒流，从而使它的体积缩小到正常体积的1/9大，这样龙虾就能很从容地从壳中蜕出来，它蜕掉的旧壳也

　　可以完好无损。蜕皮后的龙虾在几个小时内会迅速变大，它的身体会比原来增大15%，体重也会增加50%。龙虾的寿命比较长，能活10多岁。

　　龙虾有着坚硬的盔甲，浑身长满了刺，体型较大，显得十分威武雄壮。龙虾生性好斗，却又显得有勇无谋。例如，龙虾在与乌贼的搏斗中往往一味地猛攻，横冲直撞，而乌贼则巧妙地左躲右闪，先避其锋芒，然后再伺机将累得精疲力竭的龙虾擒获，美餐一顿。

　　龙虾背腹扁平，肚子比较短小，并不擅长游泳，喜欢穴居。在白天，龙虾多隐于十几米至几十米深的海底礁石缝隙或乱石堆中休息。在夜间，龙虾会出来觅食。龙虾的食物主要是其他小型动物。龙虾有两只巨大螯足，较粗大的那只主要用来打开猎物的硬壳，而较细小的那只的边缘上长着尖锐的锯齿，可以用来切割猎物。

　　龙虾喜欢在温暖的海域栖息，在中国的东海、南海都有分布。龙虾性喜独居，不过，在秋季时，常有数以万计的龙虾聚集在一起举行大规模的迁移。

据观察，龙虾在迁移时，先是由两三只龙虾启动，启动的龙虾首尾相接，用强有力的触角和第一步足拉着前者的尾巴排成一列纵队前行，其他沿途遇到的龙虾会尾随其后加入迁移的行列之中，就这样，龙虾的迁移队伍越来越大，浩浩荡荡的沿着崎岖的海底向前挺进。有时，两只迁移的龙虾队伍相遇，它们便会合为一列。每只迁移的龙虾队伍的成员多达60~70个，以每分钟约21米的速度前进。龙虾之所以列队前行，一是可以减少阻力，列队的龙虾比个体龙虾受到的阻力少65％。二是可以增加运动速度，单个龙虾一昼夜一般游100 ~ 300米，列成纵队后的龙虾每小时可行进1000米。

横行霸道——蟹

中文名：蟹
英文名；Decapoda
分布区域：所有海洋、淡水及陆地。

　　蟹的种类很多，全世界有4500多种，我国有600多种，绝大多数生活于海洋中。有体形宽大的梭子蟹，有壳面凹痕状如人脸的关公蟹，有一只螯大一只螯小的招潮蟹，有借宿空贝壳的寄居蟹，有体披海绵的绵蟹，有形如琵琶的琵琶蟹，有活跃于海滩上的小沙蟹，有背甲隆如馒头的馒头蟹，有背壳

满布颗粒的粟壳蟹，有全身红色的红蟹，有体色青绿的青蟹，有可以致人死亡的"杀人蟹"，还有不叫蟹名的鲟等，不一而足。

蟹有发达的头胸甲，多是横向宽而背腹扁平。不同种头胸甲的宽度不同，有的个体宽25厘米，长22厘米，第三对步足展开的宽度可达1.5米。蟹的内脏和肉都被隐藏在甲壳内，因此古人称其外骨而内肉。

蟹类善于游泳，又喜翻开泥沙将身体潜伏进去。它的体色常随周围环境的不同而改变。蟹类的体色多变，主要是由于甲壳里有各种色素细胞的缘故，特别是有些蟹的甲壳很薄，甚至透明，颜色就更清楚。每个色素细胞都有许多分枝突起，并有黑、白、蓝、黄、红或褐色等几种色素颗粒，若色素颗粒向色素细胞中心集中，体色就变淡，扩散开来时颜色就变深。色素颗粒的这种集中或扩散是受特别激素的控制。这种激素是由动物眼柄内或脑内的特殊细胞分泌的，每种颜色都由一种特殊激素控制。由于激素是通过血液传送的，所以它的体色变化相对就慢。其他有不同色素颗粒的动物，很容易在几个小时以内使自己的体色和周围环境相协调。但多数节肢动物包括蟹在内，体色的变化较简单，如有的蟹白天色素粒分散，使体色变深，和它栖息的泥沙环境相一致，午夜又变淡。壳中的青色素一经高温处理就被破坏分解了，但红色素和黄色素颗粒却比较稳定，不易被破坏，所以蒸煮熟的螃蟹就成鲜红色或橘红色的了。

不论什么种类的蟹，头胸部都有5对步足。由于步足的基部与头胸部相连，不能转向，步足的关节只能向下弯曲，向左右动，所以蟹不能向前爬，只能横行，先用一侧的步足抓地，另一侧步足在地面上伸直往一侧推，两侧的步足共8只，走起路来是横着走，是名副其实的横行霸(八)道。步足前方一般都有一对大螯足，活像一对大钳，也像铲车前方的一对大爪，真有点气势汹汹不可一世的样子。大螯足是它捕食的工具，也是角斗、自卫的武器。当小鱼或其他动物游过它的身旁时，它就用强大的螯足突然将其捉住，捕而食之。许多动物的尸体也是蟹爱吃的美餐。有时为了争食一条死鱼、一只死虾，它们常常互相攻击，甚至同类相残，将附肢残缺的弱者吃掉。在食物匮乏时，饿极了的雌蟹甚至用蟹钳从自己的腹部取卵充饥。它们能清理动物尸体，像清洁工一样保持海洋生态环境的清洁。有时它们也吃一些海藻的嫩芽。

　　海蟹生性残忍好斗，当受到威胁时，立即张开螯足钳住对手，像决斗的武士一样，你来我往。处于困境中的蟹，也往往采取以攻为守的策略。当处境危险甚至一只步足被擒时，它往往舍车保帅，自动断肢而逃遁，以后再长出新步足。海蟹也常把海葵、海绵、海藻等移植在自己的身上当作伪装和保护层。这一招也的确有效，如凶猛的乌贼在洞中窥视时发现海蟹会立即扑上去将其擒获，但背上附有海葵的海蟹，乌贼一捕就会尝到海葵毒刺的厉害，也只能将口边的美餐无可奈何地放弃。寄居蟹把自己柔软的、不能防御的腹部，隐于海螺空壳内，背负螺壳到处活动，表面上看像是快速爬行的海螺，它的眼向周围张望，发现食物就探身捕捉，遇有险情就立即退回到螺壳的深处。随着身体的长大，旧螺壳就显得太小，难以容身，所以它必须经常更换较大的新螺壳。它更换新螺壳时非常谨慎，常是先用螯足伸进螺壳里探察，若确是空螺壳且无污物，再钻进身子去试探，觉得合适才满意地钻进去。它丢弃的空壳螺也会被新的"换房户"更换而去。若两只蟹同抢一只螺壳，免不了一场搏斗，螺壳当然是归于强者。

不能写字的笔——海笔

中文名：海笔

英文名：Pennatula phosphorea

分布区域：地中海、印度洋沿岸

说起海笔，就不由得想到了我们手中用来写字的笔，不过这两种"笔"的区别可大着呢。首先海笔是有生命的，海笔是一类美丽的无脊椎动物，并且海笔和其他珊瑚类动物是近亲。海笔的外形如同昔日人们使用的羽毛笔，故得此名。海笔是由许多称为水螅虫的小动物群居而形成的。海笔的下半部分固定在泥沙中，上半部分着生有许多水螅虫。

海笔不喜欢群居，常常是单独居住在海底的沙地上。海笔的身体呈轴对称，非常像老式的羽毛蘸水笔。有意思的是在海笔的主干上，对称的两侧长满了羽毛状的羽枝。羽枝上又有许多细小的对称的分支。有些羽枝甚至连接成网状的圆柱体。在放大镜下，人们可以看到，网状的圆柱体实际上是由成千上万的水螅虫一样的触手交织在一起形成的。海水从水螅状的触手中流过，其中的食物颗粒就会被水螅状的触手捕获，送进消化腔。

海笔虽然和珊瑚是亲戚关系，但是它和珊瑚有很大的区别。珊瑚如果没有海浪的冲击和天敌的攻击，就可以长得很大；海笔却不一样，它们长到一定大小后就不再生长了，再猛烈的风浪对它的成长都没有一点帮助。

海笔有一个圆柱形的中央茎。茎的上端有很多轻软的羽状物，茎的下端深入海底的泥沙中，起着固定的作用。有一种能够发光的海笔只能生长在沙质的海底上，不能移动。因此，它很容易被其他动物捕获。海笔通常生长在有强大海流的地方，当它受到攻击时，就利用复杂的"光电池"发出很强的光，使敌人头晕眼花，无法辨认方向，接着就被强大的海流冲走了。另一种海笔，有一种"警报系统"。当敌害接近时，它就发出很强的光，把周围照的雪亮，使敌害暴露自己的位置，反而被更加凶猛的掠食者吞下肚子。

单细胞杀手——海葵

中文名：海葵

英文名；sea anemone

分布区域：全球各大海域

　　神秘的海底永远不会单调，在这里甚至还盛开着生机盎然的"菊花"。鱼虾们就在这朵朵"菊花"之间悠然穿行。奇怪的是，不同于陆地上的菊花，这些家伙老是有时开有时合。只见它们一开，那些无意间路过的小鱼就被它们的花瓣抓住了，而菊花一合，小鱼儿便不动了。原来这些可不是普通的菊花。它们叫海葵，是一种海洋动物。

　　海葵品种繁多，世界约有1000多种。海葵分布广泛，从极地到热带、从潮间带到超过1万米的海底深处都有分布。不过，海葵主要集中分布在热带海域。在中国东海、太平洋侧花海葵数量之多，每平方米可达数百至近万个。

　　不同种类的海葵有不同的栖息方式。那种常见的体表有乳突的绿侧花海葵，喜欢栖息在岩岸贮水的石缝中。那种紫褐色带桔黄色纵带的纵条肌海葵，喜欢栖息在几平方厘米的贝壳、石块上，因其收缩时酷似西瓜，故又名"西瓜海葵"。

　　海葵的体形呈圆柱状，柱体的开口端为口盘、封闭端为基盘。海葵的口位于口盘中央，因为有许多柔软而美丽的花瓣状触手在口部周围伸展着，犹如生机勃勃的向日葵，因而得名"海葵"。不同的海葵品种的触手数目各不相同，不过其内环触手一般大于外环，触手的数目均为6的倍数，具有摄食、保

卫和运动的功能。海葵的触手一般附着在端的基盘，可吸附在石块、贝壳、海藻或木桩等硬物上。海葵的口盘的直径一般为几厘米，但有一种栖息于北太平洋沿岸和澳大利亚大堡礁的巨型海葵，其口盘直径可达 1.5 米。

海葵的体色十分丰富，有绿的、红的、白的、桔黄的、斑点或条纹的或多色的。海葵的色彩主要来自两个方面，一是本身组织中的色素，二是来自与其共生的共生藻。共生藻不仅使海葵大为增色，而且也为海葵提供了丰富的营养。

生活在热带珊瑚礁中的几种海葵，在白天，往往伸展着有色彩的部分以充分进行光合作用，到了晚上，则伸出触手来进行捕食。

海葵是一种没有中枢信息处理机构的构造简单的动物，因此，海葵并不具备大脑基础。海葵一般都把所有的精力集中于向中央消化系统输送食物，以充分满足自己的生存需要。海葵简单的神经系统具有很强的伸缩功能，它的口盘基部有发达的括约肌，体壁也有发达的缩肌和伸肌供柱体缩小或伸展。遇到危险时，海葵会将身体收缩以排空触手内的水，并把口盘和触手全部缩入体内。海葵的触手在完成收缩的全部过程之前是不能向外伸展的，由于完

成这一过程需要2.5小时，因此海葵这2.5小时之内恢复不了原状。所以，进攻者常常会由于丧失耐心而放弃了侵扰。

　　海葵是一种原始而又简单的动物，只能对最基本的生存需要产生反应。它们的感觉器官没有进一步的辨别能力。当它们的触手接触到人工放置的塑料虾时，海葵会立即把它抓住，但很快就会放手。海葵的神经细胞已精细到能告诉它塑料是不能吃的，这样它们就不需要把塑料虾送到消化系统那去辨别这种东西能不能消化了。但海葵的这一行为同时也说明了信息并没有被传遍海葵全身。因为每次它们不同的触手接触到塑料虾，捕捉的过程就会周而复始地重复进行。所以说，海葵不愧是脑袋简单的单细胞杀手。

贝中之王——大珠母贝

中文名：大珠母贝

英文名；Pearloyster

别称：白螺珍珠贝，白碟贝

分布区域：澳大利亚沿岸、西太平洋沿岸的东南亚国家近岸，中国海南岛、西沙群岛、雷州半岛沿岸海域

    中国最大的珍珠贝是大珠母贝，大珠母贝属于软体动物中的瓣鳃类，因数量较少、价值较高而被列为国家二级保护动物。

    大珠母贝为热带、亚热带物种。大珠母贝属于滤食性贝类，食性较杂，主要以硅藻类为食，也包括双壳类盘幼虫、腹面类面盘幼虫、有机碎屑、钙质骨针和其他原生动物等。

    大珠母贝的壳一般长约25厘米左右，最长的为32厘米，重约4～5千克。大珠母贝的外形看上去呈碟形，其壳质坚实厚重，壳顶位于背缘前端，前耳小，后耳缺。大珠母贝的鳞片层不规则的紧密排列，到了老年时期，大珠母贝的鳞片会经常脱落。大珠母贝的壳面平滑呈暗黄褐色，具有不太明显的淡褐色的放射肋。有一层较厚的银白色珍珠层位于大珠母贝的壳内面，其边缘为金黄色或黄褐色的角质，非常美丽。较大的大珠母贝的珍珠层的外缘与壳边缘部之间有一条黄色带。大珠母贝的软体部分较大，其前闭壳肌退化，不过位于其身体后方的后闭壳肌极为发达，具有很强的闭壳能力。大珠母贝的肛门为末端宽圆的舌形。

　　大珠母贝一般是用发达的足丝附着在岩礁等上面生活，因此，它喜欢集群栖息在珊瑚礁、岩礁沙砾等海区。大珠母贝的栖息地的水深一般在10米以上，通常为20～50米，最深可达200米。大珠母贝适合在在15.5℃～30.3℃之间的水温中生存，其中水温为24℃～28℃时最为适合。

　　成熟的大珠母贝中，雄性明显要比雌性多。不过，有的大珠母贝可以进行性转换，还存在一些比较特殊的雌雄同体的个体。每年低温期过后，当水温回升到20℃～25℃时，大珠母贝的性腺就开始发育，并随着温度的升高而达到性成熟。大珠母贝的繁殖期主要在每年的5~10月，它产下的卵约需经过16～36天才能孵化出幼体。大珠母贝的幼体的壳多为暗黑色，其壳的后缘末端突出，壳长近似楔形。当大珠母贝的幼体长到2厘米左右的时候，它的壳会逐渐变圆，并变为黄褐色，同时会生长鳞片。当大珠母贝生长到一定大小时，它的生长速度就会变慢，同时会分泌大量珍珠质，以增加其贝壳的厚度。

第四章

有脊椎水域动物家族

　　有脊椎骨的动物，是脊索动物的一个亚门。这一类动物一般体形左右对称，全身分为头、躯干、尾三个部分，有比较完善的感觉器官、运动器官和高度分化的神经系统。海洋里的脊椎动物主要是鱼类，除此外还有少量的哺乳类，如鲸、海狗等，以及一些爬行类，如海龟、海蛇等

我的动物朋友
WODEDONGWUPENGYOU

"变色龙"——比目鱼

中文名：比目鱼
英文名；flounder
别称：鲽鱼
分布区域：温带水域

比目鱼是一种长相十分古怪的鱼，因为它的两只眼睛都长在头的同一侧，所以被称为比目鱼。比目鱼有两种，两眼都长在左侧的叫鲆，都长在右侧的叫鲽。比目鱼主要生活在温带水域，是温带海域重要的经济鱼类。

比目鱼一般在浅海的沙质海底栖息，其主要食物是小鱼虾。比目鱼的身体扁平，双眼都位于身体朝上的一侧，因此，它们特别适于在海床上进行底栖生活。比目鱼的身体表面有极细密的鳞片，只有一条背鳍，从头部几乎延伸到尾鳍。

除了两眼完全在头的一侧外，比目鱼的另外一个显著特征就是它们的体色。比目鱼身体朝上的一侧的颜色与周围环境配合得很好，身体朝下的一侧为白色。

比目鱼喜欢单独潜伏在泥沙海底生活，一般情况下是夜间出来觅食。它运动时，靠侧躺的身体和尾部的上下摆动、以及长长的背鳍和臀鳍的波动缓缓前进。

比目鱼还有一个名字，那就是海洋中的"变色龙"。因为它的体色能随环境的不同而变化，这使它与周围的环境混为一体，敌害很难分辨出来。比目

鱼的身体还能分泌一种乳白色的毒液，能杀死周围的小动物并以此为食，这种毒液即使凶猛的鲨鱼见了也要退避三舍。

其实比目鱼生来眼睛并不是长在一侧的，而是后天才长到一起的。就拿小比目鱼来说吧，它们从卵膜中刚孵化出来的时候完全不像父母，而是跟普通鱼类的样子很相似。它们的眼睛长在头部两侧，每侧各一个，十分对称。它们生活在水的上层，常常在附近游泳。大约经过20多天，在小比目鱼的身上奇怪的事情发生了。比目鱼一侧的眼睛开始搬家了。它通过头的上缘逐渐移动到对面的一边，直到跟另一只眼睛接近时，才停止移动。不同种类的比目鱼眼睛搬家的方法和路线有所不同。比目鱼的头骨是软骨构成的。当比目鱼的眼睛开始移动时，比目鱼两眼间的软骨先被身体吸收。这样，眼睛的移动就没有障碍了。据科学家解释，比目鱼眼睛的移动是因为比目鱼的体内结构和器官也发生了变化。

多眼怪——四眼鱼

中文名：四眼鱼

英文名：four-eyed fish

别称：上瞥鱼

分布区域：中、南美洲的淡水和咸淡水水域

　　四眼鱼有4只"眼睛"，相比起其他只有2只眼睛的鱼类，四眼鱼可以同时看清水面上和水下的物体。凭着这双独一无二的"四眼"，四眼鱼可以一边搜寻食物，一边睁大另两只眼睛作为预警，防范捕猎者的偷袭。

　　四眼鱼的警觉性很高，它的两只眼睛实际上起着四只眼睛的作用。当四眼鱼停留在水面观察空中的昆虫时，就把上部眼睛露出水面，让光线通过短而宽的水晶体，一旦发现猎物，它就会迅速跃出水面捕捉。当四眼鱼看水下东西时，光线通过卵型的水晶体射到眼内，一旦发现食饵，便奋力追捕。

　　将四眼鱼的眼睛分成两个部分的膜称为"暗隔膜"。它们的眼睛能露出一半在水面上借以观察周围的情况，同时另一半眼睛能沉入水中搜寻猎物。所以说，下半部的眼睛在水中使用，而上半部的眼睛在水面上使用。从视网膜上来说，这种关系正好相反，水面上的影像在下方的视网膜形成，而水中的影像则由上方的视网膜形成。四眼鱼的眼睛在构造上，像凸眼金鱼那样从头部突出。

　　四眼鱼眼中的横膈膜刚好与水面相平，使得眼睛的上半部露出水面，下半部埋在水中，既可以看清水面上飞行的昆虫，又可以监视水中的鱼虾。四眼鱼的眼睛在水面上比在水中看得更清楚。如果想在半咸水域捕捉四眼鱼，它

　　们会在很远的地方就发现人类的行踪而逃之夭夭。在水中的时候，它们只能算是"近视眼"。不过，它们能看到距离自己1米左右的猎物，捕食没有障碍。

　　四眼鱼的体形细长，纺锤形，常常集结小群在水面上游泳觅食。四眼鱼的食物庞杂，任何不慎掉落水面的昆虫都有可能成为它们的盘中餐，包括蠕虫、甲壳类动物和其他一些昆虫等。

　　四眼鱼通常过着奇特的集群式夫妻生活。鱼类中有采取一夫一妻、一夫多妻、杂婚等生活形态，但四眼鱼却不同，它们的交配方式和它们的眼睛一样令人惊讶。因为雌鱼的泄殖腔要么一律向左，要么一律向右，并且被鳞片覆盖。而雄鱼用于交配的特殊的变形臀鳍，也是要么向左撇，要么向右撇，从未有过既向左撇又向右撇的。这就只能有一个结果，即臀鳍向左撇的雄鱼，只能与泄殖腔向右开的雌鱼结为夫妻，此外别无选择。交配结束后，受精卵会留在雌鱼体内发育1个月左右，之后产出时便是小四眼鱼。

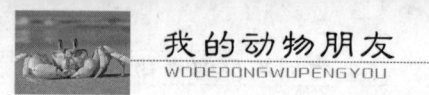
鱼类中的飞行者——飞鱼

中文名：飞鱼

别称：燕儿鱼

分布区域：全世界的温暖水域

　　飞鱼飞跃的高度足以跳到水上的船只甲板上，所以常常在黎明时刻会发现掉落在甲板上的飞鱼。飞鱼是银汉鱼目飞鱼科约40种海洋鱼类的统称。广布于全世界的温暖水域，以能飞而著名。体型皆小，最大约长45厘米，具翼状硬鳍和不对称的叉状尾部。有些种类具双翼而仅胸鳍较大，如分布广泛的翱翔飞鱼。有些则有四翼、胸、腹鳍皆大，如加州燕鳐。

　　飞鱼生活在暖温水域的中上层，皮色泛蓝，鳞光闪闪。它们的胸鳍特别发达，可长达臀鳍的末端，宽约7～10厘米，胸鳍展开的时候，犹如一只飞翔的燕子，因此人们又称它们为"燕儿鱼"。飞鱼主要生活在热带和亚热带海区，在中国的南海、东海海域都能见到。在茫茫大海上，我们常会看到一条条银光闪闪的鱼跃出水面，像鸟儿一样冲向蓝天，快速地向前"飞"去，远远望去，就像一只只燕子掠过海面。

　　既然飞鱼属于水生动物，又怎么能像鸟儿一样飞起来呢？其实，准确地说，飞鱼并不是在飞行，而只是在空中滑翔。因为飞鱼根本没有翅膀，那张开的"双翅"，实际上是一对十分发达的胸鳍，其结构和鸟翼不同，更谈不上有羽毛了。飞鱼体长20～30厘米，而胸鳍占到了体长的2/3。它们的尾鳍呈叉形，上叉短，下叉特别长。

　　飞鱼在起飞前，先将胸鳍和腹鳍紧贴在身体两侧，像一艘潜水艇，然后按照一定的角度猛地游向水面，待头露出水面后，再用强有力的尾部迅速击打水面，从而获得推力。这时它们就会张开翅膀似的胸鳍腾空而起，冲向空中。在空中滑翔一会儿后，飞鱼的身体就会下沉，就在它们重新贴近水面时，尾部会再次用力击水，身体便又跃到了空中。这样连续几次后，它们便会头朝下落入水中。飞鱼一般能冲离水面高达5～6米，滑翔速度为每秒2～30米，在空中的滑翔距离一般为100～300米，顺风时可达500米。

　　飞鱼为什么要跃出水面？原来，飞鱼的视力较差，在大海里觅食十分艰难。海洋中的生物几乎都有自己的独门防身术，只要略施小技，飞鱼就无法捕获到食物。这样，飞鱼不得不"飞"起来，捕食水面上的昆虫。科学家们解剖飞鱼时，发现它们胃里的食物中有13%是空中的昆虫。

　　当然，飞鱼在填饱肚子的同时，还要保证自己不被其他生物吃掉。凶猛的鲨鱼、剑鱼以及金枪鱼都会经常捕食飞鱼。为了逃命，飞鱼特意练就了一身飞翔的本领，以逃避天敌的追击。

　　飞鱼喜欢汗味及血腥味，有时，它们会趁滑翔之际，抢走船上旅客的帽子、衣物，然后投入水中。为此，还曾发生过这样一段有趣的故事：一年夏天，一艘英国货轮"海神"号从欧洲驶往澳大利亚。在经过长达半个月的长途航行之后，"海神"号终于来到了它的目的地——美丽的悉尼港。这是年轻的船长费利尔的处女航，此时的他高兴地换上新装，戴上一顶当时流行的高筒礼帽，得意地走上甲板，看着船缓缓地驶入海港。忽然，一阵大雾遮天而来，远处什么也看不见了，船长只好下令抛锚，暂停靠港。就在他刚要走进驾驶舱时，忽然头顶一抖，"嗖"地一声，心爱的帽子不见了。十几名水手闻讯赶来，连忙帮他寻找，可是，帽子早已无影无踪了。

　　船停靠在悉尼港后，费利尔丢帽子的事成了渔民们的笑柄。一位好心的渔民告诉他，澳大利亚沿海的飞鱼很多，它们不但会"抢"走别人的帽子，还会"借"走渔民们晾晒的衣物。雾天看不清它们，要是晴天，就可以看到飞鱼对抢来的帽子和衣物你争我抢的景象。

　　生物的任何秉性都会被人类利用，渔民们常常根据飞鱼的这一特点，投其所好，用动物的血液或汗味很强的衣物来诱捕飞鱼。每当飞鱼嗅到这种气味后，便会凭借飞行的冲力撞向目标，稀里糊涂地成为渔民的网中之鱼。

筑巢高手——刺鱼

中文名：刺鱼

英文名；stickleback

分布区域：北半球温带区

刺鱼的背鳍、腹鳍、尾鳍不像一般的鱼有膜连在一起，看上去像是长着几根刺，它也由此得名。刺鱼的身上没有鳞，不过在其身体的两侧排列着几片由鳞演化而来的鳞板。不同种类刺鱼的鳞板和刺的数量是不一样的，这也是分辨它们的一个标志。

筑巢生蛋好像是鸟类的专利，但鱼类中也有通过筑巢来养育儿女的。其中的佼佼者大概就是刺鱼了。

刺鱼分为小头刺鱼、中华多刺鱼、三刺鱼等几类，通常生活在冰冷清澈的水里。它们喜欢的地方是有活水源的湖、池塘以及流动缓慢的小河。不过，虽然属于同一种类，刺鱼中有的一生都在淡水里度过，也有的平常生活在海里，到繁殖季节才溯河而上。

刺鱼的身体通常是淡灰色的素淡颜色。但是，等它们将巢筑好后，成年雄刺鱼的体色便会呈现出美丽的"婚姻色"，它们的嘴下部会变红，背部会变成蓝白色，变化之大让人不禁怀疑这是另一种鱼。

繁殖期的雄刺鱼非常繁忙，和平常悠闲自在的状态形成鲜明的对比。雄刺鱼到繁殖期会确定自己的势力范围，并在其中筑一个小小的巢，然后吸引雌刺鱼到巢里产卵，自己则负责养育后代。

产卵是雌刺鱼的工作，而筑巢、照顾卵却是雄刺鱼的活儿。雄刺鱼先收集水草根、碎叶片等材料，再用一种由肾脏分泌的黏液黏合加固材料。筑巢所选定的场所和巢的形状也会因刺鱼种类的不同而有所差别。

三刺鱼、小头刺鱼是在水底挖出的浅坑上筑造管道型的巢，就像是枯草堆。而中华多刺鱼的巢看上去非常精致，但必须不断输送新鲜的水。

不仅如此，雄刺鱼为了使水流遍所有的卵，所以会用嘴不时地戳动卵，甚至会在巢顶开洞，以使水在巢内良好地流通，有时也会将洞口塞住以调节水流。由此可见雄刺鱼的生活多么繁忙。

刺鱼卵通常会在两周内孵化。虽说卵孵化出来了，可雄刺鱼的工作并没有结束。孵化后一个星期左右，刺鱼宝宝还不会游泳，它们悬垂在巢里，通过从腹部连接的卵黄吸收营养从而不断生长。其中有些精力充沛的宝宝就会跑出巢外，雄刺鱼就得像哄孩子似地把它们衔在口中带回巢里。

刺鱼宝宝会游泳之后，雄刺鱼也会在巢边守护一段时间，以免宝宝们游出自己划定的领地范围。把喜欢冒险的宝宝带回家也是雄刺鱼的一项工作。

等到刺鱼宝宝身体长大了，游泳技术也提高了的时候，雄刺鱼才会从育儿工作中解放出来，看着孩子们从领地里慢慢散去，雄刺鱼的生命也就结束了。可见雄刺鱼是多么任劳任怨。雄刺鱼很可怜，但更可怜的还是雌刺鱼，它产下卵后连自己孩子的面都没见着就死去了。相比之下，雄刺鱼也算是幸运的吧。

最近几年，由于过度开发引起的自然破坏以及农药的影响，导致刺鱼的数量越来越少，其中，南多刺鱼因栖息场所遭到破坏已经灭绝。

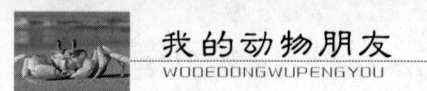
杂技明星——海豹

中文名：海豹

英文名；seal

分布区域：北极、南极周围附近及温带或热带海洋中

　　海豹长着胖乎乎的纺锤形身体，圆圆的头上长着一双又黑又亮的眼睛。它们的鼻孔是朝天的，嘴唇中间有一条纵沟，很像兔唇，唇上还长着长长的胡须。海豹短胖的前鳍肢非常灵活，游泳时用来划水，还能抓住猎物进食，甚至还会抓痒。海豹在岸边产仔，一胎产1仔。小海豹身上长着柔软而洁白的毛。雌海豹对幼仔非常疼爱，时刻都精心看护着它们。成群的海豹在岸上晒太阳时，几只雄海豹负责看守海豹群的安全，雌海豹则将小海豹搂在怀中。一旦发现危险来临，雌海豹会立刻抱着小海豹逃入大海。

　　海豹生活在寒温带海洋中，除产仔、休息和换毛季节需到冰上、沙滩或岩礁上之外，其余时间都在海中游泳、取食或嬉戏。繁殖期不集群，仔兽出生后，组成家庭群，哺乳期过后，家庭群结束。海豹在冰上产仔，当冰融化之后，幼仔才开始独立在水中生活。少数繁殖期推后的个体则不得不在沿岸的沙滩上产仔。海豹以鱼类为主要食物，也食甲壳类及头足类。

　　雄海豹性情凶猛，而它们的妻子则都性情温和。如果雌海豹有不轨行为被丈夫发现，就会受到严厉的惩罚。雌海豹怀孕后会拒绝再次交配，这时雄海豹便会大打出手。

　　海豹在繁殖期不聚在一块，只有一雄一雌相伴在小块浮冰上，等待宝宝

出世。小海豹在出生后的一个月内会得到父母无微不至的照顾，但一个月过后，它们就必须离开父母独自出去打猎，而它们的父母也会分道扬镳。

到了发情期，雄海豹便开始追逐雌海豹，一只雌海豹后面往往跟着数只雄海豹，但雌海豹只能从雄海豹中挑选一只。因此，雄海豹之间不可避免地要发生争斗，狂暴的海豹彼此给予对方猛烈的伤害：它们用牙齿狠咬对方，有些雄海豹的毛皮便因此而撕破，鲜血直流。战斗结束，胜利者就会和母海豹一起交配。

海豹凭借它们光滑的纺锤形身体，成了高超的游泳专家。在水下它们可以随意地快速游泳或摆出优美的姿势，并能迅速地改变游动方向。它们还是优秀的潜水员，一般可潜100米左右，而威德尔海豹则能潜到600多米深，持续43分钟。憨态可掬的象海豹也是出色的演员，它们能表演顶球、驮人、打捞等项目。在自然条件下，海豹有时在海里游荡，有时上岸休息。上岸时多选择海水涨潮能淹没的内湾沙洲和岸边的岩礁。例如，在我国的辽宁盘山河口及山东庙岛群岛等地都屡见有大群海豹出没。

海底鸳鸯——蝴蝶鱼

中文名：蝴蝶鱼

英文名：Butterflyfish

别称：热带鱼

分布区域：太平洋、东非至日本等海域

蝴蝶鱼属蝶鱼科，大部分分布在热带地区的珊瑚礁。蝴蝶鱼用尖尖的嘴啄食附在珊瑚或岩石上的小动物。蝴蝶鱼由于体色艳丽，深受中国观赏鱼爱好者的青睐。

蝴蝶鱼也叫热带鱼，是近海暖水性小型珊瑚礁鱼类，最大的可超过30厘米，如细纹蝴蝶鱼。蝴蝶鱼身体侧扁，适宜在珊瑚丛中来回穿梭，它们能迅速而敏捷地消失在珊瑚枝或岩石缝隙里。蝴蝶鱼吻长口小，适宜伸进珊瑚洞穴去捕捉无脊椎动物。这种鱼和陆地上飞舞的蝴蝶长得很像，同样的美丽。

蝴蝶鱼还具有一系列适应环境的本领，它可以随周围环境的改变而改变自己的体色。一尾蝴蝶鱼改变一次体色通常要几分钟，而有的只需要几秒钟。蝴蝶鱼能够改变自己的体色是因为它的体表有大量色素细胞，在神经系统的控制下，可以展开或收缩，从而使体表呈现不同的色彩。

蝴蝶鱼常把自己真正的眼睛藏在穿过头部的黑色条纹之中，而在尾柄处或背鳍后留有一个非常醒目的"伪眼"，以此来迷惑捕食者。当捕食者向其"伪眼"袭击时，蝴蝶鱼则剑鳍疾摆，逃之夭夭。

在弱肉强食的复杂海洋环境中，珊瑚鱼的变色与伪装，目的是为了使自己的体色与周围环境相似，达到与周围物体以假乱真的地步，从而在亿万种生物的顽强竞争中，赢得了自己生存的一席之地。

蝴蝶鱼是一种对爱情十分忠贞专一的动物，它们一般都成双成对在珊瑚礁中游弋、戏耍，形影不离。当其中的一尾蝴蝶鱼在进行摄食时，另一尾就在其周围警戒以防不测。

蝴蝶鱼一般在沿岸的浅水水底产卵。蝴蝶鱼的早期发育需经两个阶段，一是羽状幼体阶段，即浮游生活阶段；二是纤长幼体阶段，即营底栖生活阶段。蝴蝶鱼的羽状幼体形态十分特殊，其主要特征是在背鳍前方有一丝状或羽状附属物。

海龟之王——棱皮龟

中文名：棱皮龟

英文名：Leatherback Turtle

别称：革龟

分布区域：热带和亚热带温暖水域

棱皮龟是海龟中的一个种类，海龟是海洋龟类的总称。棱皮龟是现今海洋世界中躯体最大的爬行动物中的"老大"。棱皮龟最大体长可达2.5米，体重约1000千克，被称为是海龟之王。

棱皮龟的头部、四肢和躯体都覆以平滑的革质皮肤，没有角质盾片。背甲的骨质壳由数百个大小不整齐的多边形小骨板镶嵌而成，其中最大的骨板形成7条规则的纵行棱起，棱皮龟即由此得名，也有人叫它革龟。这些纵棱在身体后端延伸为一个尖形的臀部。它的嘴呈钩状，头特别大，不能缩进甲壳之内。四肢呈桨状，没有爪，前肢的指骨特别长。成龟身体的背面是暗棕色或黑色，点缀着一些黄色或白色的斑，腹面是灰白色。

棱皮龟是一种生活在远洋的动物，主要栖息于热带海域的中上层，偶尔也见于近海和港湾地带。由于四肢巨大并且变成了桨状，可持久而迅速地在海洋中游泳，故有"游泳健将"之称。1970年，我国长江口海域捕获了一只棱皮龟，而它身体上所挂的标记却表明它还曾经在万里之外的英国大西洋海域被捕获过，足见它的游泳本领之高强。棱皮龟主要以鱼、虾、蟹、乌贼、螺、蛤、海星、海参、海蜇和海藻等为食，甚至包括长有毒刺细胞的水母等。

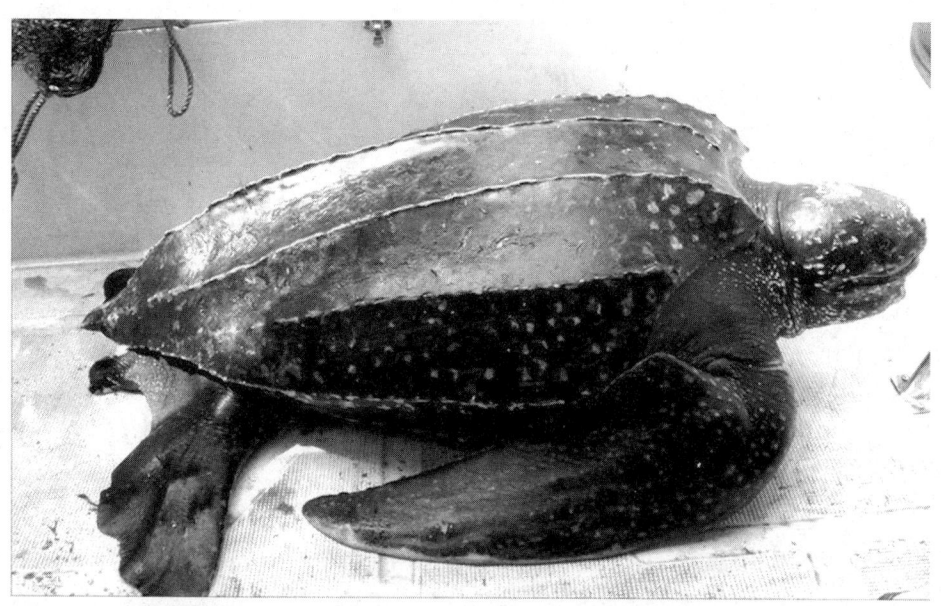

它的嘴里没有牙齿，但是却在食道内壁有大而锐利的角质皮刺，可以磨碎食物，然后再进入胃、肠进行消化吸收。

每年5~6月间是棱皮龟的主要产卵季节，雌性需要从海洋中陆续爬到海滩上掘穴产卵。棱皮龟产卵通常都在晚上进行，行动十分谨慎，如果遇到外来的干扰，就会立即返回海洋。产卵之前首先在沙滩上挖一个坑，每次产卵90~150枚，在繁殖期间也可以多次产卵，产卵之后用沙覆盖，靠自然温度进行孵化，但每个窝中也常有10多枚不能孵化成功。刚孵化出来的幼体的体长约为5.8~6厘米，孵化出来后便本能地向大海爬去。

别样的"海豹"——海狗

中文名：海狗

英文名：Fur seal

别称：海熊 腽肭兽

分布区域：美国阿拉斯加附近的普里比洛夫群岛

在一片铺满了沙子的海滩上，一头体型庞大、长满鬃毛的雄性海豹露出了它黑色的头颅，张开嘴大声地吼叫，这一幕充满了神秘色彩。在它的周围聚集了大约80只雌性海豹，都是它的"妻妾"。在离它们不远的地方是另一群，也有一头体魄健壮的雄性充当"登陆指挥官"。这就是有耳海豹，现在世界上共有14种，全部都是群居性的、在一起抚养幼崽的鳍足目动物。

现在幸存下来的有耳海豹包括两大类：海狗（又称"皮毛海豹"）和海狮，虽然同属海狮科，但它们与真海豹不同，主要是用前鳍在水中推动身体前进。海狗可以分成比较明显的两个属——北海狗属与南海狗属，然而南北两属之间的亲缘关系比南海狗与海狮的关系还远。因此，尽管大多数科学家把海狮科分为海狗亚科和海狮亚科两个亚科，但由于这个原因这种分类还没有被最终确定。

尽管有耳海豹在水里的时候后鳍肢极不灵活，没有什么用处，但是在地面上的时候，后鳍肢却保留了运动的功能，而且相对也比较灵活。马戏团里的海狮能被训练上梯子，比这更厉害的是，雄海狗在布满岩石的海滩上"奔跑"的时候鲜有对手，在凸凹不平的地面上，海狗甚至比人"跑"得还要快。

　　有耳海豹比真海豹在外表和行为上更为一致。所有种类的有耳海豹在体型上都是雄性比雌性大，甚至北海狗的雄性体重能达雌性的5倍。这种雌雄的巨大差异在哺乳动物中只有一种真海豹与其相似，那就是南象海豹——雄性体重是雌性的4倍。一只在繁殖季节获得成功的雄海狗，往往能占有多只雌海狗，这种生育策略可以称之为"一雄多雌制"。

　　大多数有耳海豹捕食的种类比较单一，而大多数真海豹的捕食种类却很繁多。有耳海豹中没有种群生活在淡水中，而真海豹中却有几种可以生活在淡水中，如贝加尔环斑海豹和环斑海豹、港海豹的几个亚种。

　　在进化过程中，现在已知最早的海狮科动物就是皮氏美洲海狮，这种动物的化石在美国加利福尼亚外海的几处地点已经被发现，出现的时期大约是在1200～1300万年前。这种动物体型比较小，只有1.5米长，大约是现代加岛海狗的一半，而现代加岛海狗又是现存的体型最小的海狗。远古的皮氏美洲海狮的牙齿较为统一，眼窝的骨头比较多，这两点也是现代海狮科动物的显著特征。

　　大约在800万年前，北太平洋海域出现的海狮科动物体型已经变得比较大，雌雄之间在体型上也明显不同，雄性比雌性大。除此之外，鳍肢的骨头和每颗切齿都保留了"双根"与颌骨相连，这些特征在雌雄两性上稍有不同，而且现代海狮也有这些特征。大约在600万年前，北海狗从海狮科主干上分化出来，之后不久就向南进入到了南半球。现在还没有证据表明曾经有任何一种海狮科动物跟着其他早期的鳍足目动物从中美水道进入北大西洋。

从600万年前至200万或300万年前的这一段时间里，海狮科动物的"主干"上几乎没有出现什么分化，那时的海狮科主干物种与现代的南海狗物种几乎相同。但是在200万年前，它们体型增大的趋势突然加快，切齿也发展成"单根"，种属出现分化。在最近的300万年内，现存5个属的海狮从海狗亚科的主干上分化出来。

现存的14种有耳海豹在北太平洋沿岸都能找到，从日本沿岸到墨西哥沿岸，从南美厄瓜多尔的加拉帕戈斯群岛向南到南美西海岸，从秘鲁北部太平洋沿岸绕过南美最南端的合恩角到巴西南大西洋沿岸，在澳大利亚的南海岸和新西兰的南岛，以及环南极洲的岛群等，都能找到有耳海豹。这些海域的海水比较凉爽而不是冰冷，但是北海狗、斯氏海狮，特别是南极海狗都出现在接近冰点的海域里。所有的有耳海豹都不在冰面上而是在海边陆地上生育幼崽。

有耳海豹常常聚集在有上升洋流的海域里，那里的海水把海底的营养物质带到了表层海水中，养育了各种各样的海洋上层及海底生物，包括鱼类和无脊椎动物类，这给有耳海豹提供了丰盛的、易捕捉的食物。它们有的时候也到海底捕捉食物，如龙虾和章鱼等。澳洲海狗曾经被海面以下120米的捕鱼拖网或捕鱼箱无意捕捉到，但是一般情况下，有耳海豹只在浅海中捕食，而真海豹则在深海中觅食。

有的时候，有耳海豹会转而捕捉恒温动物。在麦夸里岛海域，新西兰海狗会捕捉体型很大的企鹅；有些南海狗，而且常常是未成年的雄性南海狗也会捕捉这种大鸟；斯氏海狮偶尔会捕捉年幼的小北海狗。人们也曾经观察到南美海狮对南美海狗进行攻击，而且这些攻击的动机看起来未成年的与成年的不同：未成年的雄性南美海狮会捕捉母海狗并与之交配，而成年雄海狮捕捉海狗只是作为食物，用来填饱肚子。

南极海狗是少数的专门化捕食者之一，基本上只捕食南极磷虾。

到底有耳海豹每天消耗的食物量有多少，目前人们还无法计算。当然，不同种类的有耳海豹消耗的食物量是不同的，而且，体型比较小的有耳海豹消耗的食物量占自身体重的比例要大于体型比较大的有耳海豹。

有耳海豹大都是一些社会性的动物，往往倾向于群居，尤其是在繁殖季节，大群中的个体数量更多。栖息在白令海域普里比洛夫群岛的北海狗在繁殖季节登岸的高峰期，聚集起的数量十分庞大，可以说那个时节会有世界上最庞大的哺乳动物群。我们在上文曾经提到过，有耳海豹在繁殖季节实行"一雄多雌"制，一只雄性有耳海豹可以占有很多只雌性，其他一些种类的鳍足目动物也实行这一制度，尤其是象海豹(一种真海豹)。为何有耳海豹和真海豹在生育行为上如此相似？许多科学家认为这跟它们的基本生活方式相同有关，如都在水面以上产崽，都在海洋里觅食等。

由于鳍足目动物在陆地上的行动能力有限，所以，它们在选择生育地点上会尽量避开陆地上的掠食者，充分利用某些特殊的地点以便获得生育上的成功。这些地点相对来说必须是偏僻、空旷的，其他动物很少进入，而且有利于将要分娩的雌性聚集在一起。雄性相对来说占领的空间要大些，因为它

们之间会发生激烈的斗争。这种雌性密集而雄性比较分散的方式意味着某些雄性会被排除在雌性之外,很难获得交配机会,而雌性则更倾向于聚集在较为成功的雄性周围,与之交配。

这种交配行为表明体型更大的雄性占有明显的优势,有两个原因可以说明这一点。第一,雄性必须有强大的力量保护自己的领地,必须展示出让人印象深刻的特征,才能对其他雄性产生威慑,赢得雌性的"欢心",这样其体型必须足够大才行。第二,一只获得成功的雄性必须在与尽可能多的雌性交配完之前不去水下觅食,因为它一旦离开其领地,该领地就会被其他雄性占去,雌性就可能被夺走。而且,为了占有尽可能多的雌性,雄性需要更长的"禁食期",因而它们必须事先在体内储存更多的脂肪,以维持"禁食期"体内能量的需要(体型大的动物每单位体重所需要的能量比体型小的动物少)。因此,体型更大的雄性有耳海豹更容易获得成功,比体型较小的会有更多的后代。

在南极地区的5～10月份(冬季),成年南极海狗在海洋里活动,人们几乎不了解这段时间它们的具体生活是怎样的。从10月下旬开始,处于生殖期

的雄海狗会逐渐上岸建立它们的领地，这个时候，雄海狗之间几乎没有什么冲突，因为海滩上的空间很充足，不必争抢。但是之后不久，海滩开始变得越来越拥挤，领地冲突随之就会增多。约2～3个星期后，第一批雌性海狗怀着上一年交配时形成的胎儿逐渐登陆海滩，汇集于此地。在12月份第一个星期结束之前，会有50%的幼崽降生，在接下来的3个星期里，累计有90%的幼崽降生。雌海狗一般在分娩的前2天才登陆，分娩后的前6天里，雌海狗会与自己的幼崽待在一起，每隔一段时间就会给幼崽喂奶一次。分娩8天后，雌海狗又会进入发情期，这个时候，雄海狗是最忙碌的，因为它们既要为保护自己的领地而与邻居战斗，又要努力争取让更多的雌海狗进入自己的领地。尽管雄海狗不会主动把雌海狗弄到自己的领地，但是会尽最大的努力防止已经进入自己领地的雌海狗离开。当进入一只雄海狗领地的多只雌海狗同时到达发情期的时候，由于这只雄海狗无法应付，这群雌海狗就会变得"坐卧不安"，想办法离开去寻找其他雄海狗。这个时候，该领地的雄海狗就会与雌海狗发生矛盾，雄海狗会在雌海狗逃跑的中途拦截它们。平静下来之后它们会开始交配，交配后不久，雌海狗便离开海滩，去海中觅食。

南极海狗的哺乳期大约为117天，在此期间，雌海狗来来回回往返于海洋与海滩之间，在海中吃饱后，上岸给幼崽喂奶。平均起来，雌海狗大约总共上岸喂奶17次，在这117天内，海中觅食的总时间是上岸喂奶总时间的两倍。当雌海狗们离开海滩去海中觅食的时候，那些暂时无"人"照料的幼崽会在繁殖海滩上找个地方集中在一起。当雌海狗从海中觅食返回后，就会用各自独特的叫声呼唤幼崽，它自己的幼崽听见后也用叫声作为回应。每只雌海狗都能在一堆幼崽中认出自己的幼崽，它会去嗅自己的幼崽，以进行最后的确认。一旦确定这就是自己的幼崽，雌海狗就把它单独带到一个安全的地方(通常是海滩岩石顶部一处杂草丛生的地方)，然后给它哺乳。

有意思的是，南极海狗的幼崽总是在海里断奶，因为这样雌海狗就省去了最后一次登陆的麻烦。幼崽是成群地由雌海狗带到海里去的，因此幼崽的断奶时间几乎是同时的。这样，出生比较晚的幼崽，其哺乳期就较短，断奶时的体重也比出生较早的幼崽小。也许雌海狗们把它们的幼崽同时带到海里

是一种反猎杀的手段，因为一些海豹常常捕食海狗的幼崽，当成群的海狗幼崽在一起时，每只都能减小被捕食的几率。

这种比较突然地结束哺乳期的行为不仅仅发生在南极海狗身上，北海狗也有这种倾向，它们冬天时常会突然地、彻底地离开繁殖地而迁走。

鲸中的"海豚"——鼠海豚

中文名：鼠海豚

英文名：Harbor porpoise

分布区域：北大西洋欧洲、非洲和北美洲东岸，黑海和太平洋亚洲和美洲的海岸附近

　　在北美洲和欧洲北部，许多人见到的第一种鲸类就是鼠海豚，而鼠海豚当中最典型的就是港湾鼠海豚了。港湾鼠海豚第一眼看上去小小的，身形模糊，总是躲在港口或者海滩这样的有利地形内，一副准备随时逃跑的样子。

　　真正的鼠海豚是由鼠海豚科的动物组成的，鼠海豚科属于齿鲸亚目，是齿鲸的10个科之一。鼠海豚科又分为6个种，它们都有统一的外形和比较小的体型。鼠海豚和海豚科的真海豚关系很近，但是鼠海豚和海豚有不同的祖先，也就是说，它们在种系发生学上是不同的。鼠海豚科和海豚科是由约1000万年前的共同祖先进化而来的，但是从那时开始两个科就在生物学的许多方面朝着不同方向进化了。从其行为和解剖学上来说，鼠海豚和海豚之间的差别就像猫和狗的差别一样。

　　从解剖学上看，真正的鼠海豚体型十分统一。与其他鲸类相比，它们都非常小，鼠海豚科里面没有体长超过2.5米的。它们这种小的体型面临一个问题，就是如何在寒冷而高度导热的环境中保持体温。栖息在世界上较冷地区的港湾鼠海豚和道尔鼠海豚，依靠圆鼓鼓的身体和细小的四肢解决了这个问题，因为这样可以把体表面积减到最小，而高度隔热的鲸脂则会减少热量的

损失。

如同其他齿鲸一样，鼠海豚通过一个单孔喷气孔呼吸，其喷气孔位于头骨中央稍微靠左的位置。它们的前额有标志性的额隆，里面富含油脂，位于头盖骨（半球形的前额）前部的上面，可以在回声定位的时候聚集声波。它们的尾巴横向地缩向脊骨，最极端的是道尔鼠海豚，它们的尾巴被一个明显的凹口分成了两叶。

鼠海豚有很多与海豚不同的地方。它们都没有吻突（或者叫喙），而这是大部分海豚都有的特征。除了江豚以外所有鼠海豚的背鳍都很小，呈三角形。除了道尔鼠海豚以外的所有鼠海豚的背鳍（或者江豚的背脊）上都有数排奇怪的隆起，位于背鳍的主边缘。鼠海豚的牙齿十分扁平，呈竹片状或铲状，不像海豚的牙齿那样为圆锥形。海豚和鼠海豚的牙齿都是用来咬住猎物的，而不是用来撕咬或者咀嚼的，但是我们还不清楚为什么这两个科的动物会进化出不同形态的牙齿。鼠海豚头骨的前颌骨上有突出的"瘤"。成年鼠海豚的头上有很多显然属于幼年鼠海豚的特征，如短的喙，大而圆的脑壳，以及头盖骨缝的推迟融合。

　　由于海洋的温度会周期性地变化，因此许多鲸类的地理分布都会受到严重影响。这导致了血缘很近的鼠海豚被热带海域分隔在了南北回归线两边，所以那些关系很近的种类会同时存在于北半球和南半球。这是一种反赤道分布，虽然这些物种现在被分隔在两个半球的温暖海域，但是它们起源于一个共同的祖先，其中一部分的祖先是在寒冷时期穿过赤道的。比如说加湾鼠海豚，它同南美洲海域的棘鳍鼠海豚血缘更近，而不是和加利福尼亚附近沿海海域的港湾鼠海豚相近。有可能鼠海豚在更新世的冰河时期首先迁移到了加利福尼亚湾，然后棘鳍鼠海豚的祖先才穿过了赤道，等到水温又回暖之后，它们就又分开了。同样地，黑海的港湾鼠海豚可能就是在回暖时期被分隔的，它们的祖先是在之前的寒冷时期从大西洋穿过地中海来到黑海的，现在的地中海是没有鼠海豚的。

　　所有鼠海豚的主食都是群游性小鱼。港湾鼠海豚和棘鳍鼠海豚一般吃富含油脂的鲱鱼、凤尾鱼和小海鱼，除了这些油腻的食物，它们还吃海底的小型猎物，如小鳕鱼以及类似的鱼类。港湾鼠海豚可以潜入到水下200米的地方寻找猎物。幼港湾鼠海豚通过猎捕磷虾来学习觅食技巧，而磷虾是母鼠海豚所捕食的鱼类的食物。江豚也常吃甲壳类动物和乌贼。道尔鼠海豚主要吃小鱼和乌贼，这些猎物会组成"深散射层"：即许多小动物聚集在一起，会随着一天当中光线的变化而在水中上下游动。道尔鼠海豚一般集中在晚上捕猎，因为这个时候猎物会垂直地移向水面。现在还没有证据发现鼠海豚像海豚那样合作觅食，当猎物的密度低时，鼠海豚会分开觅食，但是它们也能够在发现大量集中的猎物之后迅速地集合。

　　港湾鼠海豚主要发出两种频率的喀嚓声：一种接近2千赫，另一种在130千赫左右。关于它们怎么使用回声定位捕猎我们还不是很了解，不过捕猎过程似乎包括消极地收听（听鱼发出的声音）和积极地观察。鼠海豚不会咀嚼猎物，而是将猎物直接整个吞下去。

　　一般来说，鼠海豚都很"害羞"，它们并不引人注意，偶尔会单独或小群出现。大部分鼠海豚都很难发现，更不用说追踪了，除非是在海面最平静的时候才能看见它们，因此许多海滨居民并不知道它们的存在。唯一一种容易

被移动的船只吸引的种类是道尔鼠海豚，它们游速很快，而且天性活泼好动，能够激起"公鸡尾巴"一般的浪花，在数百米以外都能看见。港湾鼠海豚和江豚在水面的行为非常隐秘，不过前者可以做出部分离开水面的垂直跳跃，但这仅限于它们在汹涌的海水中追捕猎物的时候。在天气平静的时候，港湾鼠海豚偶尔会躺在镜面般的水面上一动不动。加湾鼠海豚尤其"害羞"，几乎没有研究者在野外看见过它们。

会使用"工具"的海兽——海獭

中文名：海獭
英文名：Enhydra lutris
别称：海虎
分布区域：北太平洋的寒冷海域

海獭属于食肉目，鼬科动物。它的体型很小，是海兽中个子最小的了。雄性海獭身体只有1.47米左右，体重约为45千克。雌性海獭的体长约为1.39米左右，重33千克。海獭的脑袋很小，耳壳也不大，吻端裸出，上唇长着胡须，躯体又肥又圆，形状和鼬有些相像。海獭的前肢裸出并且很小，不作游泳用，后肢长，形状扁而宽，趾间有蹼，像鳍，主要用于游泳。海獭四肢的趾粗而短，爪短并弯曲，尾巴长而扁平，约占体长的1/4。

因为海水的温度总是低于海兽的体温的，而海水的传热比空气中传热要快4倍，所以，生长在海水里的哺乳动物，必须有一套防寒、保暖的机制。有些海兽靠着厚的皮下脂肪保暖，可是海獭的皮下脂肪仅占它体重的1.8％，与鲸鱼和海豹的脂肪层占到37.6％相比，显得微不足道，起不到什么绝缘、保温的作用。不过，海獭却有自己的保暖方法，它的身上有一层天衣无缝、厚厚的皮毛，同时全身皮毛上涂了一层脂肪，可以达到滴水不沾的程度。海獭全身披有刚毛和绒毛。绒毛致密而柔软，刚毛则起着保护绒毛的作用。

海獭一般在阿拉斯加、堪察加、千岛群岛沿海1海里范围内生活，仅在休息和生育时到陆上岩礁处活动，较多的时间还是在海水中生活。海獭晚间会

在海面休息，特别喜爱睡在海藻群中，睡前以海藻缠身，前肢抓住海藻，以免被海浪冲走。休息时，海獭相互靠得很近。

海獭的游泳速度并不快，每小时不超过10~15千米。不过，海獭的潜水能力却很强，它可深入100米的海底潜水，并在水中可坚持20～30分钟。海獭虽在水中活动自如，但一到陆地却行动蹒跚，十分像个"醉汉"。

海獭十分喜爱"梳妆打扮"，它在饱食之余，要花上很多时间用爪子仔仔细细的把自己的皮毛从头到尾梳理一遍。海獭的这种"打扮"行为，并非仅仅为了漂亮，还有一个重要原因是当它们的毛皮蓬乱污脏之后，如不梳理清洁，就会失去绝缘、保温作用。此外，海獭梳理毛皮时的机械运动，可以刺激皮肤下的皮脂腺加强脂肪的分泌，使毛皮上涂着丰富的脂肪层，达到既防水又保暖的作用。

海獭主要以海胆、鲍鱼、蟹、牡蛎、贻贝、章鱼等为食，有时也吃海藻的芽和行动缓慢的底栖鱼类。虽然海獭用牙齿无法咬开牡蛎、海胆等动物的坚硬外壳，不过，海獭有着它自己的办法。海獭在吃这些食物的时候，会先把海胆等物挟在前肢下边松弛的皮囊中，它的皮囊里一次可盛下25只海胆。然后，海獭会很快的浮到水面上，仰游着，把从海底捡来的石块放在它胸前作砧石，用前短肢挟着海胆在石块上撞击，一直到海胆的壳被敲破、露出肉时，海獭才慢慢地吞食海胆的肉。海獭的新陈代谢很旺盛，它全天所吃的食物量占它的体重的1/4 ~ 1/3。

嘎牙子——黄颡鱼

中文名: 黄颡鱼

英文名; Pelteobagrus fulvidraco

别称: 黄腊丁、嘎牙子、黄鳍鱼、黄刺骨

分布区域: 中国长江

　　黄颡鱼俗称嘎牙子、咯鱼、咯咯噎、昂刺鱼、黄腊丁、央丝等。体长,腹平,体后部稍侧扁。头大且平扁,吻圆钝,口大,下位,上下颌均具绒毛状细齿,眼小。须4对,大多种类上颌须特别长。无鳞。背鳍和胸鳍均具发达的硬刺,刺活动时能发声。胸鳍短小。体青黄色,大多种类具不规则的褐色斑纹。各鳍灰黑带黄色。

　　黄颡鱼多在湖泊静水或江河缓流中营底栖生活,尤喜生活在具有腐败物和淤泥的浅滩处。白天潜伏于水体底层,夜间浮游至水上层觅食,冬季多聚在支流深水处。对环境的适应能力较强,因此在不良的环境条件下也能生活。

　　黄颡鱼是杂食性鱼类,不过,其食性是以肉食性为主。黄颡鱼一般在夜间进行觅食,它的食物主要有小鱼、虾、各种陆生和水生昆虫、小型软体动物和其他水生无脊椎动物。黄颡鱼的食性会随环境和季节的变化而变化,在春夏季节,黄颡鱼常吞食其他鱼类的鱼卵;到了较寒冷的秋冬季节,黄颡鱼吞食的小鱼较多,而底栖动物则渐渐减少。黄颡鱼的食性会随着其体长的变化而变化,体长在2~4厘米的黄颡鱼,主要摄食桡足类和枝角类;体长在5~8厘米的黄颡鱼,主要摄食浮游动物以及水生昆虫;体长超过8厘米以上的黄颡鱼,主要摄食软体动物和小型鱼类等。

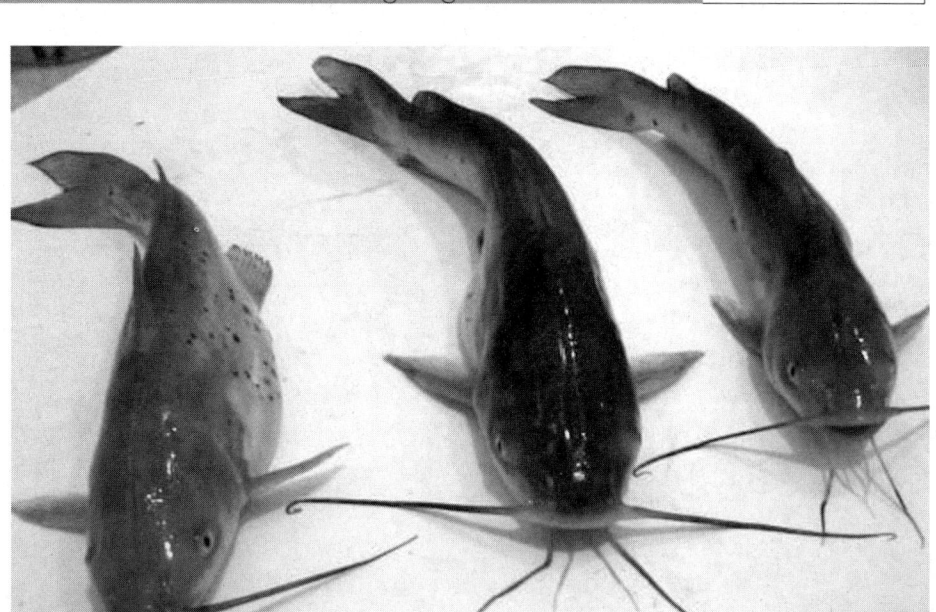

　　黄颡鱼一般在2龄达性成熟。黄颡鱼的产卵活动多在气候由晴朗转变为阴雨的夜间进行。每年的5～7月，雄性黄颡鱼会先游至沿岸地带水草茂密的淤泥粘土处，筑好以供雌性黄颡鱼产卵的鱼巢。雄鱼筑巢后即留在巢里，等候雌鱼到来，然后在巢里进行产卵受精。雌鱼产过卵后便会离巢觅食，而雄鱼则会留在巢附近守护发育中的卵和仔鱼，直到仔鱼能离巢自由游动时为止，这个过程一般需要约7～8天。

　　黄颡鱼的生长速度较慢，其个体体重一般为200~300克。在自然水域中，1龄的黄颡鱼可长到体长56毫米，体重5.7克。2龄的黄颡鱼可长到体长98.3毫米，体重20.6克。3龄的黄颡鱼可长到体长135.5毫米，体重36.1克。4龄的黄颡鱼可长到体长160.1毫米，体重58.2克。5龄的黄颡鱼可长到177.7毫米，体重81.3克。

　　黄颡鱼是淡水刺毒鱼类中毒性较强的鱼类之一，它的背鳍刺和胸鳍刺均有毒腺。人们常因黄颡鱼刺到而造成撕裂伤、出血、局部肿胀，并引起发烧，患处剧痛0.5~1个小时才会停止。

将军的"利剑"——带鱼

中文名：带鱼
英文名：hairtail
别称：刀鱼、牙带鱼
分布区域：西太平洋和印度洋

带鱼又叫"牙带鱼""刀鱼"，中国沿海的带鱼可以分为南、北两大类。北方带鱼在黄海南部越冬，春天游向渤海，形成春季鱼汛；秋天结群返回越冬地，形成秋季鱼汛。而南方带鱼每年沿东海西部边缘随季节不同作南北向移动，春季向北作生殖洄游，冬季向南作越冬洄游，所以南方带鱼有春汛和冬汛之分。在鱼汛到来之际，带鱼会聚集成大群，场面异常壮观，这正是捕捞带鱼的最好时机。东海的舟山渔场是中国最大的带鱼产地，其次是福建的闽东渔场。

带鱼身体侧扁如带，身体呈银灰色。背鳍很长、胸鳍小，鳞片退化。它们头尖口大，牙齿也很尖锐，看上去很凶猛。体长一般为0.6 ~ 1.2米。带鱼的生长速度很快，每年4~5月出生的带鱼，到冬汛时的十一、二月，体重一般能达到120克左右。带鱼1岁时就能达到性成熟，但最多只能活到7岁。

带鱼属于洄游性鱼类，通常栖息在水深20 ~ 100米的近海，生殖期游至水深15 ~ 20米的海域，有明显的垂直移动现象。白天群栖于中、下层水域，晚间则上升到表层活动。带鱼游动时不用鳍划水，而是通过摆动身躯游动，既能前进，也能上下窜动，动作十分敏捷。

带鱼主要以毛虾、乌贼及其他鱼类为食，是典型的肉食性鱼类。带鱼非

常贪吃，有时甚至会同类相残。渔民们在钓带鱼时，经常会见到这样的情景：钓上来一条带鱼，却发现这条带鱼的尾巴正被另一条带鱼咬着，有时一条咬一条，一提一大串，渔民们形象地称之为"带鱼咬尾巴"。

　　带鱼终日生活在离海面几十米深的近底层，在这一深度，海水压力是非常大的，在漫长的进化过程中，带鱼身体的内部构造起了明显的变化，例如骨骼变薄，肌肉变得富有弹性等，它们已经适应了在压力较大的环境中生活。由于大气压力比海水压力小得多，如果突然将带鱼捞出海面，其鱼鳔内的空气就会骤然膨胀，甚至超过鱼鳔的最大容积，引起鱼鳔爆炸。此外，压力的减小还可能引起带鱼体内部分血管破裂以及胃翻出口外、眼睛突出眼眶外等，这些因素都能导致带鱼死亡。

人类帮手——雀鳝

中文名：雀鳝

英文名：lepisosteus oculatus

分布区域：美国南部湖泊、中美地区、墨西哥以及西印度群岛等地

雀鳝身体较长，为肉食性动物，它们习惯于埋伏在隐密的支流中，窥伺猎物的到来。它们以长颌、无数伸出的牙齿以及沉重的钻石形鳞甲为特征。其鳔与食道或咽喉相连，即具有从嘴的后端到胃的管道。这种结构能实现肺的功能，使雀鳝能够呼吸。

鳄雀鳝是北美最大的淡水鱼类之一。人们曾在路易斯安那州捕获一条重达135千克、长3米的鳄雀鳝，而今这一物种在其分布区域内(从韦拉克鲁斯到俄亥俄州的一段弧形内海平原和密西西比河)已十分少见了。

海钓船通常用鳄雀鳝米捕食水域中的游钓鱼类和水鸟，从而使水域中的鱼类及其他野生动物的数量减少。然而，详细的研究显示这一物种其实很少以游钓鱼类或水鸟为食，而主要捕食草食性鱼类和蟹。有报告称鳄雀鳝会捕食其他雀鳝，更曾有一例报导称鳄雀鳝能将一条小鳄鱼一分为二。另外两个大雀鳝物种为尼加拉瓜的热带雀鳝和古巴雀鳝，人们对它们的生物特性几乎一无所知。热带雀鳝栖息在尼加拉瓜湖受保护的较浅水域中，其个体体长超过1.1米，重达9千克；古巴雀鳝能长至约2米。

长鼻雀鳝身体长逾1.8米，重30千克。雌性体长超过雄性，在第十或十一龄时，两者的差异能达18厘米。雄性的寿命很少能超过11龄，而雌性却能存

活22龄之久。长鼻雀鳝通常由一条雌性和数条雄性一起繁殖，称为群体产卵，产卵期集中在3～8月，依所在位置而有所不同。产卵地则在温暖浅水区域的植物上或在由雌性掘出的凹陷处。它们的卵有黏性，每条雌性能产下约2.7万个卵，有时会多达7.7万个，这些卵在排出后的6～9天内被孵化出来。雀鳝是一种凶猛的食肉鱼，长着长长的嘴巴和尖尖的牙齿。这种鱼会攻击它所遇见的所有鱼类，捕食时，它会一动不动的装死，直到猎物靠近它时才发起致命的一击，然后围着被咬死的鱼转一至两圈后再将其吃掉。当地渔民都将其视为不祥之物，因为在它生存的地方很少有其他鱼类存在。当地渔民一般都不愿意吃这种鱼，同时它也不太适合食用。雀鳝全身长了一层菱形鱼鳞，看上去就像武士穿的盔甲一样异常坚硬，这层鱼鳞实际上是由无机盐组成的。许多已灭绝的远古鱼类也有这种鱼鳞。雀鳝卵有巨毒，人类或其他热血动物如不慎食用将导致死亡。

暗器高手——鳐鱼

中文名：鳐鱼

英文名；ray

分布区域：除南太平洋和南美洲东北沿海外，在所有温带和热带浅水都有分布

鳐鱼曾经是鲨鱼的同类，不过后来为了适应海底生活，鳐鱼便慢慢进化成现在的模样。

鳐鱼属于软骨鱼类，它们的身子又扁又平，尾巴又细又长，一些特殊种类的鳐鱼的尾巴上长着一条或几条边缘生出锯齿的毒刺。鳐鱼的头顶长有眼睛和喷水孔，头下则是口、鼻和鳃裂。鳐鱼的牙齿可以像石臼一样磨碎任何东西。鳐鱼的背部长着一根有剧毒的红色刺，人一旦被刺到，只有等待死亡。鳐鱼身体周围有一圈像扇子一样的胸鳍，它们主要靠胸鳍波浪般的运动向前行进。鳐鱼的尾鳍退化，像一根又细又长的鞭子，。

鳐鱼是一种很特殊的鱼，它的头和身体直接连接，没有脖子。身体扁平，拖着一条细长的尾巴，鼓着一对翼状的大胸鳍，像鸟一样在水中"飞翔"。

鳐鱼并不凶悍，也不主动伤人。它往往把自己半埋在沙泥中，潜水者一时觉察不到，但是如果不小心踩到它们身上，结果就会很糟。因为有些鳐鱼的尾巴上有毒刺，刺入人体会造成难以忍受的疼痛。如果踩上电鳐会把人击昏。

鳐鱼多数生活在海洋中，体型大小各异，小鳐成体仅50厘米，大鳐可长达2.5米。游泳时，鳐鱼宽大的胸鳍上下波动，使身体向前行进。世界上有鳐

鱼438种。电鳐具有能产生电力的巨大器官，它们位于头部的两侧，能够放出200瓦的电力，足以击昏猎物和吓退捕食者。最大的发电量甚至能把一个成年人击倒。

普通的灰鳐可以长到超过2米的长度。幼年的鳐鱼以生活在海底的动物如蟹和龙虾为食。当它们长大以后，主要猎捕乌贼等软体动物。捕食的时候，鳐鱼主要靠嗅觉捕猎。鳐鱼卧在海底时利用特殊的闭口呼吸法尽量避免吸入泥沙。鳐鱼在呼吸时，水通过头顶的管路吸入，最后穿过腹面的腮裂流出。

优雅之鱼——鳟鱼

中文名：鳟鱼

英文名：Trout

别称：赤眼鱼、红目鳟、红眼棒、红眼鱼、醉角眼、野草鱼

分布区域：在中国北起黑龙江，南至广东，西自四川，东到江浙一带的江河与湖泊均有分布

鳟鱼属鲑目，鲑科，是一类很有价值的垂钓鱼和食用鱼。现在不少地方都很重视人工繁殖和饲养鳟鱼。

鳟鱼的种类很少，全世界大约也只有10种左右。鳟鱼一般栖息在淡水中，不过，有些种类的鳟鱼到繁殖季节会游入海中。鳟鱼和大马哈鱼同目同科，有亲密的亲缘关系。

鳟鱼是最难分类的鱼类之一，它们的生理结构不规则，身体的颜色和体型大小也不同。如今，鳟鱼的人工饲养和杂交技术的提高，以及外来品种的引进，使得鳟鱼的分类更加复杂。有几种原先划分为斑鳟属的鳟鱼现在普遍认为应划归大马哈鱼属。褐鳟鱼是现在唯一划为斑鳟鱼属的鳟鱼，也是鳟鱼中的濒危动物。鳟鱼主要属于大马哈鱼属和红点鲑属两个属。红点鲑属鳟鱼包括溪鳟、湖鳟、海鲑等几种，大马哈鱼属包括虹鳟、山鳟、金鳟等几种。这两属鳟鱼的区别主要在于它们身体的颜色不同，嘴上面的犁骨及牙齿的形状也有些不一样。红点鲑属鳟鱼的肤色较黑，上面有红色或者乳白色的斑点。大马哈鱼属的鳟鱼肤色比较淡一些，上面有红色或者黑色的斑点，牙齿比较

稀疏。

　　鳟鱼主要以昆虫、小鱼和它们的卵以及甲壳类动物为食。鳟鱼一般在春秋季产卵，产卵前，雌鱼会先在河底砂砾层中挖出洞来，然后把卵产在洞里。值得一提的是，那些栖息在海中的鳟鱼也会返回内河产卵。鳟鱼的卵孵化的时间大约是2~3个月，刚孵出来的鳟鱼小鱼苗离开洞以后，主要依靠浮游生物为生。

　　鳟鱼是一种非常特殊的淡水鱼，一定要在山间的活水里才能生存。因此，鳟鱼一般栖息在比较凉的淡水中，尤其是湍急的溪流和较深的池塘里。鳟鱼原先主要产于北半球，现在被广泛地引入世界各地。不过，由于鳟鱼是许多人理想中的垂钓鱼和食用鱼，所以世界各地每年都大量捕捞，因此全世界大多数野生山海鳟、山鳟等鳟鱼的数量都在锐减，陷入濒危状态。

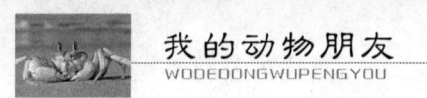

丑陋的深海怪物——狼鱼

中文名: 狼鱼

英文名: Anarrhichtys Ocellaus

分布区域: 全球海域均有分布

　　狼鱼的面貌十分丑陋可怖，它们主要在海洋几百米以下冰凉的深水处生活。从表面上看，狼鱼与海鳝、海鳗有许多相似的地方，但它是属于鲇鱼的一种。大西洋的灰色狼鱼是狼鱼中的典型，有"花鳅"之称。

　　据渔民反映，这种鱼十分贪食，而且经常危害人的生命。在它口里那可怕的犬齿以及后面更强硬的臼齿，并不是用来对付人类的，甚至也不是对付一般小鱼的，它的捕获物仅仅是海胆、海星、海虾、大鳌虾、软体动物和腹足纲动物。在捕食时，狼鱼把那些不易吸收消化的残渣从口中吐出，堆砌在所居住的海底洞前，科学家就是根据这些被堆集的"沉渣"而找到狼鱼的。

　　雄性狼鱼头部布满了累累伤痕，这是它们在"情场"上角斗时留下的。为了争夺配偶，雄狼鱼用头部顽强的碰击"情敌"，用牙齿死死咬住对方不放。每条雄性狼鱼一生只经受一次这样的战斗。当战斗结束，获胜的一方夺得了"妻子"之后，便终生守护着它白头到老。

　　狼鱼是晚上觅食白天休息的一种鱼。到黄昏后便开始出去搜集食物，而第二天黎明时分，它们就返回洞穴。白天它们在洞穴里过着闲逸平静的生活。

　　一般雌性狼鱼的身材比雄性的稍小，嘴唇和下巴突出的部分也不太大。此外，雌性狼鱼眼睛周围不像雄性那样臃肿，皮肤的颜色却比雄的更灰暗些。

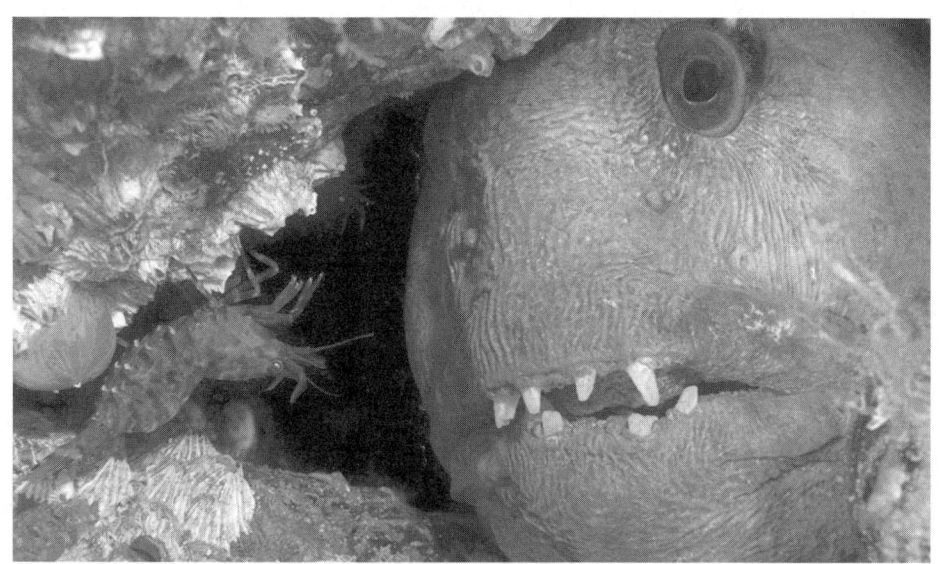

　　遗憾的是，目前科学家对狼鱼的生殖情况知之不多，因为只有在寒冷季节，它们才进行交配，但是这个时节，海洋风大浪高，没有一个潜水员敢于下海。但是在温哥华，生物学家却可以通过鱼缸观察狼鱼交欢的整个过程。

　　雌性狼鱼在深海洞穴里产卵。当产出豌豆大小的受精卵（约1万粒）时，雌性狼鱼会把卵聚集一块形成一个圆团。此后的4个月内，守护着这些卵寸步不离。雌性狼鱼绕着圆团躺着，小心翼翼地晃动身子以调节周围的海水。有时，还会将死卵吞食下去或排除掉。而雄性狼鱼，则蜷伏在自己"伴侣"附近，警惕地守卫在洞穴的入口处，随时准备击退入侵者。

　　幼鱼从卵里孵出以后，就脱离"父母"过着自食其力的生活。在前6个月内，它们喜欢浮到海面玩耍，以浮游生物为食，不过，它们也常常被众多的敌手吞食，能活到成年的也只有几百条。

　　幼鱼长到35厘米时，皮肤呈现橙褐色，这时便纷纷沉到海底。在海底过着漂泊不定的生活，直至找到终生伴侣，又开始新一代的繁衍生活。

第五章

水域中其他家族

　　几千年来，海洋都是人们所向往的地方，人们将其冠名为生命的摇篮、风雨的故乡、资源的宝库、交通的要道等等。并以它博大的胸怀哺育了人类。我们一提到海洋就会想起深海中丰富多彩的生物群落。如海豚、海狮、海绵、珊瑚等等。下面就让我们一起走进浩瀚的海洋，探索除鲸、鲨、鱼、蟹外更多的神秘莫测的海洋动物。

满肚子"坏水"的家伙——河豚

中文名：河豚
英文名：swellfish
别称：气泡鱼、辣头鱼
分布区域：温带水域中

河豚属硬骨鱼纲，鲀目。鲀类分布于温带到热带地区，大约有100种，它们都具有圆滚滚的身体，强韧的皮肤，鳞片变形而成为刺。当身体膨胀时，刺便会直立而起。

河豚也如同其他鲀类一样，具有圆滚滚的身躯，大部分生活在海中，但在淡水及海水、淡水汇合处也可发现。河豚的口部与整个身体相比较，显得很小，口中上下颌各有一对齿板，齿板由许多小齿愈合成为板状，嘴形看起来像鸟喙的形状，十分坚硬。

河豚遇到敌害时，会将空气和水吸入身体中，使腹部膨胀起来。有些种类吸入空气后常将身体倒立在水面上。

河豚吸入的空气和水被存在哪里了呢？原来，河豚体内有一个连接胃部的袋子，称为膨胀囊，是由胃的一部分进化而成的。空气和水就是被吸入到了这里而使身体膨胀的。吸入空气和水后，河豚的身体大约会比平常大一倍。孵化两个星期以上的虎河豚幼鱼，已有这种膨胀身体的能力。

它们在水中吹动水和空气，使泥沙飞起，然后捕食躲在沙中的生物。因为它们的牙齿和颌骨很坚硬，所以连极硬的贝壳也能咬碎。蚌贝、螺贝、沙

蚕和蟹类都是它们的食物。

　　河豚还很善于潜入沙中。河豚的相近种类中，鳞鲀的背鳍有极发达的刺，丝背细鳞鲀的刺已稍微退化，三齿鲀已完全没有刺。

　　河豚产卵由春天持续到夏天，产卵的地点因种类的不同而有所不同，有的在海边，有的在深海中。虎河豚全长45厘米，卵为沉下性黏着卵，粘于石头、沙粒、木片等上面。一条雌鱼产卵数为64～151万个，雄鱼经过2年即可成熟，雌鱼则需要3年。

　　河豚具有河豚毒，毒性极强，可以使大部分的动物中毒死亡。星点河豚被认为是毒性最强的一种。河豚的肉和皮无毒，但生殖腺、肝脏、肠等有剧毒。要是吃了河豚而中毒，会在10～45分钟内觉得头晕、恶心、脸色发白，更严重的会出现嘴唇、舌头及手脚麻痹等症状，接着会呼吸困难、痉挛，食用后的6～24小时便会死亡。

大老黑——加州鲈鱼

中文名：加州鲈鱼

英文名：black bass

别称：大口黑鲈

分布区域：美国、加拿大等淡水水域

加州鲈鱼原名"大口黑鲈"，原产于美国加利福尼亚州密西西比河水系，是一种生长迅速、抗病力强、易捕获、适应能力强的肉食性鱼类。通过引种，现已广泛分布于美国、加拿大等国家的淡水水域，尤其在五大湖区的种群十分庞大。目前，加州鲈鱼也被法国、英国、巴西、南非、菲律宾等国家引进。中国台湾、广东、山东等地也引进加州鲈鱼，并相继通过人工繁殖成功，都取得了较好的经济效益。

加州鲈鱼可以放入池塘中进行混养或单养，也可以放在清水塘中精养。加州鲈鱼还受到世界各地广大垂钓者的喜爱。

加州鲈鱼主要栖息在浑浊度低且有水生植物分布的水域中，如湖泊、水库的浅水区、沼泽地带的小溪、河流的滞水区和池塘等。它们经常藏身于水下岩石或水生植物丛中，有占地习性，活动范围较小。在池塘里养殖时，它们喜欢栖息于沙质或泥沙质不浑浊的静水环境中，活动于中下水层。它们性情较温驯，不喜跳跃，并且容易受到惊吓。加州鲈鱼主要以肉食为主，掠食性强，摄食量大，常单独觅食，喜捕食小鱼虾。食物的种类依鱼体大小而异，孵化后1个月内的鱼苗主要摄食轮虫和小型甲壳动物。当体长达到5～6厘米

时，便会大量摄食水生昆虫和鱼苗。当体长达到10厘米以上时，常以其他小鱼作主食。当饲料不足时，还会出现自相残杀的现象。在人工养殖条件下，也摄食饲料，而且生长良好。

加州鲈鱼1岁以后才能达到性成熟。在每年的2~7月间产卵，4月为其产卵旺季。在一定的生态条件下，如水流清澈、池底长有水草等，加州鲈鱼可以在池塘中自然繁殖。产卵前，雄鱼在池塘边水较浅处用水草或植物根茎筑巢，筑好巢后便会在巢中静静等候雌鱼到来。雌雄鱼相会后，雄鱼不断用头部顶托雌鱼腹部，使雌鱼发情，身体急剧抖动排卵，雄鱼便即刻射精，完成受精过程。雌鱼产卵后即离开巢穴觅食，雄鱼则留在巢穴边守护受精卵，不让其他鱼类靠近。其受精卵略带黏性，黏附在鱼巢内的水草和沙砾上。待鱼苗出膜可以平游后，雄鱼才会离开巢穴觅食。

活雷达——白暨豚

中文名：白暨豚
英文名：Yangtze River Dolphin
别称：白鳍
分布区域：中国长江流域

　　白暨豚又名白鳍、白鳍豚、淡水海豚。白暨豚一般生活在中国长江中下游的干流中，如洞庭湖、鄱阳湖、钱塘江与长江的交汇处。因为这些地方水生生物繁多，食物充足，适宜白暨豚生活。

　　白暨豚的体型呈纺锤状，体长约1.5~2米，少数体型较大的，可长达2.5米。成年白暨豚体重可达130~230千克。白暨豚有着又尖又细的长达30厘米以上的长吻。白暨豚的脑袋与身体浑然一体，有一对豆粒大小的眼睛，另外，白暨豚没有耳朵，只有针孔大小的两个耳眼。白暨豚的鼻孔呈长圆形，长在头顶的偏左部上方，它约30秒左右要将头部伸出水面换一次气。白暨豚的上下颌骨上密密地排列着130多颗圆锥状的牙齿，但并没有咀嚼作用。白暨豚的消化能力很强，它一般都是把捕猎到的小鱼整条整条的吞到肚子里。它的前肢呈鳍状，后肢完全退化，尾鳍扁平状，分为左右两叶。白暨豚通体皮肤细腻光滑，背面浅灰蓝色，腹面白色，因为三角形的背鳍与两片胸鳍呈白色，因此得名"白鳍豚"。

　　白暨豚的体内有一套独特的发声和接受回声的定位系统，其频率都在超声波范围内，精密程度远远超过现代化的声呐设备。因此，虽然白暨豚眼睛、

耳朵几乎退化得完全失去功能，但这并没有影响到它们在浑浊的江水中生活、觅食。白暨豚靠着这套声呐系统识别物体、捕捉猎物、联络同伴、躲避敌害，因此，它们获得了"活雷达"的雅号。

白暨豚是群居性动物，大多成双成对地活动、觅食，三五成群的也有。白暨豚的寿命可达30年。

白暨豚一般都在冬末春初交配，它的怀孕期长达一年，每胎仅产一仔，幼仔都是靠吸食母乳长大。刚出生的白暨豚幼仔一般体长70厘米，体重约5~7千克。

白暨豚的大脑的表面积很大，并且有着复杂的回沟，所以它十分聪明。有意思的是，白暨豚的大脑两半球轮流工作、休息，因此即使是在睡觉时，白暨豚也照样可以自由游动。专家们认为，白暨豚甚至比长臂猿、黑猩猩还聪明。

美人鱼——儒艮

中文名：儒艮

英文名；Dugong

别称：美人鱼

分布区域：各大海域均有分布

儒艮是海洋中唯一的草食性哺乳动物。它的头很大，头与身体的比例是海洋动物中比例最大的。它的整个体型庞大且呈纺锤状，体长2.4～2.7米，雌性要比雄性大一些。颈部比较短，只能有限度地转动头部或点头。小小的耳孔，没有外耳壳，眼睛也很小。鼻孔在吻部顶端，周围有皮膜能在潜水时盖住鼻孔。宽而扁平的嘴位于厚重吻部的下方，有2对门齿，上下颚各有3对前臼齿和3对臼齿，嘴边有短须。但是这些牙齿不会同时存在，随着年龄的增长，会逐渐地失去第一对门齿、所有的前臼齿和第一对臼齿，剩余的2对臼齿则会终生成长。儒艮皮肤光滑，呈褐色或暗灰色，腹部颜色较浅，体表毛发稀疏。

儒艮有很大的肺部，从胸部一直延伸到肾脏附近，由横膈膜将其与其他脏器分隔，支气管深入肺部的大部分区域。它的头部顶端有气孔，在游泳时平均每15分钟换一次气。由于栖息在温暖海域，它们的脂肪层较薄。由于儒艮是海生草食性动物，它的分布与水温、海流以及作为主要食物的海草的分布有密切关系。生活环境多在距海岸20米左右的海草丛中，有时随潮水进入河口，进食后又随退潮回到海中，很少游向外海。

儒艮是群居动物，经常以2～3头的家族群活动，在隐蔽条件良好的海草区底部生活。儒艮从不挑食，最喜欢的食物是海草，以茜草和龟蓬草为主。它的食量很大，每天能吃相当于自身体重5%～10%的水草，所以又有"水中除草机"之称。儒艮有时也会尝试其他的海底植物，以植物的根、茎、叶和部分藻类等为食，常会吃掉整株植物。它们不会使用门牙来咬断海草，而是用吻部来啃食。它们生性害羞，只要稍稍受到惊吓，就会立即逃走。

儒艮的生殖行为与其他海牛目动物类似，通常一只发情的雌性会吸引众多的雄性，它们彼此间会争斗来争取交配权。儒艮全年大部分时间都有繁殖行为，妊娠期约为11～14个月，每3年怀胎1次，每胎产1仔。儒艮终年皆可生产，但似乎有季节性的高峰期。在哺乳期，儒艮会带着幼儒艮在浅海游弋，这时儒艮乳头肿大，古代水手在光线不好的时候看到它，误认为是女人，所以儒艮便有了"美人鱼"的称呼。

其实儒艮不仅形象不美，而且还很丑陋，身大头小尾巴像月牙。最难看的是它那像耗子一样的眼睛，鼻孔顶在头上，耳朵无耳沿，两颗獠牙从厚嘴唇边露出，样子十分难看。皮色灰白，身上长着稀稀拉拉的硬刺，实在算不

上美，但说它是美人鱼，是因为它在生活习性上有和人类相近的地方，就是幼儒艮都是吸吮妈妈的乳汁成长。儒艮的体型也确有像女人的地方，它退化了的前肢——胸鳍旁边长着一对较为丰满的乳房，其位置与人类乳房的位置非常相似。所以在它偶尔腾流而起，露出上半身出现在海面上时，真有点妇人模样。

喜欢夏眠——刺参

中文名：刺参

别称：沙噀

分布区域：中国的山东半岛和辽东半岛

　　刺参是海参的一种，也称"沙噀"。属于刺参科。刺参体圆柱形，长约20 ～ 40厘米。前端口周生有20个触手。背面略隆起，有4 ～ 6行排列不规则的圆锥形肉刺。腹面平坦，管足密集，排列成3条不规则的纵带，体色黄褐、黑褐、绿褐、纯白或灰白等。喜栖水流缓稳、海藻丰富的细沙海底和岩礁底。

　　刺参有一个特有习性是"排脏"，当其受到强烈刺激或遇水质浑浊等恶劣条件刺激时，会将全部脏器从肛门排出体外，与此来适应环境。其再生能力很强，条件适宜时，失去的脏器及切断的体段均可再生，重新成为一个完整的个体。

　　刺参的另一个生活习性就是"夏眠"。在烟台地区从夏至到寒露这段时间，水温大多保持在20℃以上，刺参大约有三个半月一直沉睡不醒，这叫做夏眠。

　　在夏眠之前，刺参会由浅水区迁至水流平稳有岩礁的深水区。刺参常常20~30个结群，挤在一起，腹面朝上隐伏下来。在夏眠期间，刺参不食不动，消化道等脏器萎缩，紧紧吸附在岩礁缝中或石板背面。

　　刺参为什么要夏眠呢？经过科学家的考证，刺参夏眠与食物有关。入夏

后，随着水温升高，海底小型生物开始上浮，在充足的阳光下吸收营养并且繁殖，但底栖生活的刺参则不能上浮，由于食物大量减少，它也就处于睡眠状态，从而降低了消耗。再者刺参属冷水种，温度不适也是夏眠的重要因素。

电光石火——芋螺

中文名：芋螺
英文名；Cone Snail
别称：鸡心螺
分布区域：热带海域

芋螺螺体呈倒锥形，螺顶较平，中央伸出一个较小的螺塔。因贝壳前方尖瘦而后端粗大，形状跟芋头很像，所以叫芋螺。

芋螺是岩礁岸边常见的贝类，它最大的特点就是有着华丽而细腻的斑纹，图案别致美丽，各不相同，具有很强的观赏和装饰效果，深受贝类收藏者的垂青。

不过，芋螺身怀剧毒，不知情者往往会受到它们的伤害。芋螺的毒属蛋白质毒，与毒蛇的毒相似。被咬伤中毒则伤口处会红肿刺痛，经常出现的症状是灼烧感及麻木，接着逐渐蔓延全身，使得四肢无力、肌肉麻痹、意识幻散、渐渐昏厥，而最后的死亡导因是心肌无力。

螺体呈倒锥形且极其坚实，是所有的芋螺的一个共同特点。芋螺壳有的重有的轻；有的壳顶扁平，有的有一个伸出的螺塔部；有的壳表面平滑，有的有螺旋状装饰。许多芋螺都有一个小而窄的角质口盖。壳皮或者薄如丝，或者厚而粗。

芋螺属于食肉性动物，其主要食物是其他软体动物、蠕虫及小鱼等。捕获到猎物后，芋螺往往会利用矢状齿将毒液注入猎物身体，使其昏厥，然后

再美美地享用战利品。芋螺的齿舌每使用一次，就会断一次，必须经过一段时间才会再长出来。

芋螺种类繁多，全世界的芋螺约有400种，根据螺塔形状和斑纹的不同，可将芋螺分成将军芋螺、黑星芋螺、鬼怪芋螺、阳光芋螺、高贵芋螺、蝴蝶芋螺等等。

将军芋螺一般生活在太平洋西南部和印度洋沿岸的近海中。将军芋螺的壳十分厚重，螺塔部短小，侧面有凹陷，壳顶尖锐，后期螺层上有沟槽。将军芋螺的体形很大，侧面几乎平直，肩部微圆。将军芋螺的色彩及花纹多变，通常呈浅褐色和深褐色，有3条白色的螺带，每条螺带上都有褐色条纹或者块斑，它的壳口呈白色。

蝴蝶芋螺是世界上最大的芋螺，已经发现的最大的蝴蝶芋螺标本体长超过了20厘米。蝴蝶芋螺的壳十分厚重，它的螺塔一般都很低，肩部圆，体层侧面有的直有的微曲。蝴蝶芋螺的螺塔上没有任何螺旋装饰，只是螺塔的顶部两侧微微凹进。成年蝴蝶芋螺贝壳的壳顶部总是磨损，体层上共有12道体层低螺脊，但在较老的标本上已消失。蝴蝶芋螺的壳的表面一般呈白色或乳黄色，并有橙褐色斑点和短线纹混合在一起形成了宽窄不同的螺带。

活化石——鹦鹉螺

中文名：鹦鹉螺

英文名；Ammonite

分布区域：印度洋和太平洋

鹦鹉螺在它兴旺发达的奥陶纪，曾有2500种之多，在当时的动物界占有重要的地位，和它的近亲菊石共同占据着古代海洋，甚至在地质史上的这一时期被称为鹦鹉螺时代。但几经沧桑，菊石灭绝了，绝大多数鹦鹉螺成员也灭绝了，只有6种闯过历次劫难，顽强地生存下来，成为今天的珍贵动物和活化石而备受人们的重视。

鹦鹉螺有一个漂亮的外壳，壳的表面有橙红色或褐色的一条条波状花纹，颇似鹦鹉羽毛。壳的前段颇似鸟喙，因此而得名。壳的内面闪烁着五颜六色的珍珠光泽。它既然有壳，应属于螺类，但看它的身体，前有很多腕，后端身体柔软如袋，又和乌贼、章鱼相似，科学家最终还是把它归为头足类之中。

但鹦鹉螺和现存头足类仍有许多不同之处，它的腕数量甚多，可达90多条，腕上没有吸盘，腕的上方是一个革质的冠，像戴在头上的斗笠，是由两个腕皱褶特化而成。它虽然也有一对大眼睛，但眼中没有晶体，显然不如头足类的眼发达。它没有墨囊，也就没有喷墨吐雾的本领。它的漏斗位于腕之下，是由古老的软体动物的腹足衍生而成。袋状的身体包含着它的内腔和鳃腔。所以鹦鹉螺被看做是最原始的现存头足类。因其有壳，也被称作有壳头足类。

　　就壳而言，鹦鹉螺与其他螺类的壳有所不同。鹦鹉螺壳的内腔被隔膜分割成一个个小室，随着个体成长，不断产生新的更大的小室，它的柔软身体总是位于最新形成的最大的小室内。各个室之间有一条通管彼此贯通。因此小室越多，个体的年龄就越大，幼体只有 1 ～ 2 个小室，成体可以有 7 ～ 8 个甚至更多的小室。小室内充满水或气，根据需要可以随意调整水和气的多少。

　　现存的 6 种鹦鹉螺多生活在热带深海海底。我国只见于南海、台湾海峡。物以稀为贵，一个活的鹦鹉螺价值上万元。人们对鹦鹉螺的生活习性了解不多。它们白天静卧海底，养精蓄锐，晚上离底上浮，到处捕食。它们在海底用腕轮番蠕动匍匐而行，或把持在石头等地基上按兵不动。一旦离开海底，它们就像其他头足类一样用喷水的方式游泳，推动身体以退为进。

鱼肚中的"蛔虫"——盲鳗

中文名：盲鳗

英文名：slime eel

别称：钻腹鱼

分布区域：中国的东海、黄海以及大西洋沿岸

盲鳗是一种远古鱼类，一般生活在海面100米以下。盲鳗是脊椎动物中唯一营体内寄生的动物。

盲鳗的身体呈白色，牙齿为角质齿，呈黄色，是原始性状。盲鳗的食物是小型甲壳动物和多种鱼类的干尸。盲鳗有着像一排排梳子一样的牙齿，它一般是钻进鱼和小型甲壳动物干尸的体内，用牙齿一片一片地将肉切下来，直到只剩下鱼皮和骨头为止。有时候，盲鳗采用孙行者钻入铁扇公主肚内的办法，先在大鱼身上咬个洞，或从大鱼的鳃孔直接钻进大鱼腹中，先吃内脏后吃肉，吃得大鱼只剩下皮和骨头。

盲鳗之所以采取这种生活方式与它的身体结构有关。盲鳗的体形像河鳗，但头部无上下颌，口如吸盘，生着锐利的角质齿。盲鳗的鳃呈囊状，内鳃孔与咽直接相连，外鳃孔在离口很远的后面向外开口，使身体前部可以深入寄主组织而不影响呼吸。由于长期在鱼体内过着寄生生活，盲鳗的眼睛已退化藏于皮下。它的嗅觉以及口端的4对触须的触觉非常灵敏，能迅速感知大鱼的到来。

盲鳗食量极大，一条盲鳗在大鱼腹内待7个小时，可以吃进比它自身重量

大18倍的鱼肉。人们曾在一条雪鱼体内发现123条盲鳗，所以盲鳗也被称为"鱼盗贼"。

　　盲鳗的耐饥能力很强，即使半年不进食也不会饿死。盲鳗的心脏有4个之多，至于为什么它能有这么多心脏，至今还是个谜。盲鳗还能分泌出一种特殊的黏液，可将四周海水粘成一团，以阻挡敌害的攻击。

　　盲鳗在生殖方式上是雌雄同体，它在交配时会先充当雄体，过了一段时间后，又充当雌体。盲鳗的受精卵不经变态可直接发育成小盲鳗。

营围生活——藤壶

中文名：藤壶
英文名；Balanus
分布区域：全球海域的浅水区

藤壶的种类很多，在分类上属于蔓足类，全世界有1040多种，全为海产。藤壶属甲壳类动物，不过，藤壶的成体既不会游泳，也不会爬行，而是过着营固生活。在岸边潮间带或潮下带的礁石上往往成群地附着密密麻麻的藤壶，看上去白花花的一片。

藤壶的身体被包在像座小火山的钙质壳里，直径约为5 ~ 50毫米，分上下两部分。藤壶的壳的下部是由6块不活动的板围成的壁，被固定在基板上。上部是1 ~ 2块能活动的板。藤壶在捕捉食物时，它便会把板张开以便胸肢可从壳里伸出来。遇有危险或退潮后，它会把板合上，从而把自己封闭在壳里。还有一种藤壶是有柄藤壶，它有一个肉质的能伸缩的柄，可以在一定范围内活动。

藤壶附着在潮间带，涨潮时浸在水里，它可以正常生活。而退潮以后，它就被暴露在空气里。为了适应每天潮涨潮落的不同生活条件，藤壶把自己封闭起来，以度过潮水到来前的困难时期。

藤壶的生命力极强，有些藤壶能忍受较长时间暴露于水外的不利条件，如美洲产的一种藤壶在水外6周还无致命影响。还有一种小藤壶，只要每个月短暂地将它放在水里1~2天，可以放在桌上达3年之久。

　　藤壶是雌雄同体，但异体受精。藤壶并不把卵子排放在水里，而是在体内受精。充当雄性的藤壶个体有一个很长的可以弯曲的管状交配器，基部和雄性生殖腺相连，交配时，雄性藤壶会先伸出交配器向周围搜索探察目标，遇上相邻的个体就把交配器伸到壳内，把精子输送给对方。因为藤壶是群栖动物，所以很容易就可以在附近找到结合的对象。受精卵在成体藤壶外套腔里发育成无节幼体才会被放出去。一只成体藤壶可以产出1.3万个幼体。

　　藤壶的无节幼虫有长长的触须，并不摄食，体内有油球，可增加浮力，使它能接近水面活动。随着油球的消耗渐沉至海底，经过几次蜕皮后，就需要寻找合适的地方定居下来，所以此时它到处活动。固着场地的选择对一个藤壶的生存来说是至关重要的，因为若固定在没有食物的地方，它就会饿死。若是附近没有其他伙伴，它就无法交配繁殖，就会断子绝孙。但在长期演变的过程中，藤壶获得了复杂的机制，以确保它能够正确的选择。

泥猴——弹涂鱼

中文名：弹涂鱼

别称：花跳、跳跳鱼

分布区域：常见于香港、台湾和东南亚等地的红树林湿地地区

弹涂鱼为河口最常见的鱼种，喜欢挖洞穴居，不好游动，常栖息于沿海、河口或红树林等沙泥底质且水流较平缓的区域。弹涂鱼靠胸鳍爬行及跳跃，属底栖鱼类，并会随着盐度变化而迁移。弹涂鱼是肉食性鱼类，其主要食物是浮游动物及小型底栖无脊椎动物。

弹涂鱼又名花跳、跳鱼。弹涂鱼的体形延长略呈圆柱状，一般体长10～20厘米，体重20～50克。眼大且略突出，腹鳍愈合成吸盘。弹涂鱼的体背呈黑褐色，腹部呈灰色，背侧有6个黑色条状块，周身遍布不规则的绿褐色斑点。弹涂鱼的两颌各有一行牙，上颌牙呈锥状，前方每侧3个牙呈犬牙状。下颌牙斜向外方，呈乎卧状。弹涂鱼有2个背鳍，第1背鳍很小，上面仅有5条鳍棘，鳍棘末端成丝状延长，其中第3棘最长。弹涂鱼的第2背鳍与臀鳍均较长，其长度大体相等。弹涂鱼的尾鳍呈楔形、宽大，第2背鳍有3条灰白色横线，胸鳍有黄绿色虫纹状图案，十分艳丽。

弹涂鱼有离水觅食的习性，每当退潮时。它常依靠胸鳍肌柄爬行跳动于泥涂上以觅食，或爬到岩石、红树丛上捕食昆虫，或爬到石头上晒太阳。在离开水远行时，弹涂鱼会先在嘴里含上一口水，以此延长它在陆地上停留的时间。因为嘴里的这口水可以帮助它呼吸，就像潜水员的氧气罐一样，而弹

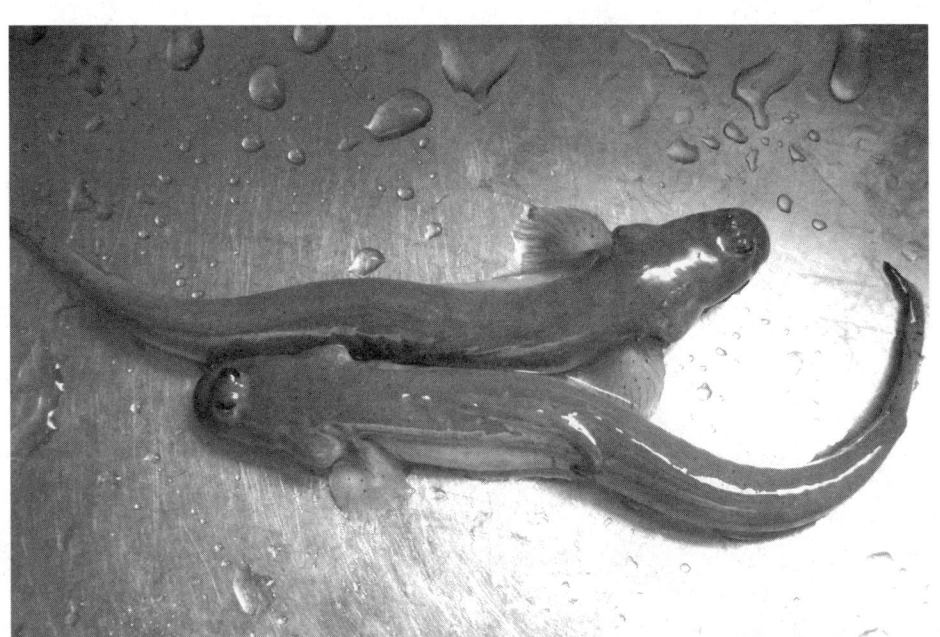

涂鱼的"气罐"则是充满了水的嘴。尽管弹涂鱼喜欢在烈日下跑来跑去，但它们终究是鱼，所以仍然得随时使身体保持湿润，否则就会死亡。弹涂鱼的身体结构变动得很少，还必须定时把身体浸在水中。因此，弹涂鱼的所有活动都是在水塘周围进行的。

不过，当弹涂鱼张开嘴进食的时候，口中维持生命的水马上会流出来，所以它必须立即补充水。由于浅滩上的水有可能干涸，所以，弹涂鱼会在泥土还是湿的时候，就先给自己挖个洞，以作为自己的掩蔽所。弹涂鱼会把这个洞一直挖到水线以下，这样一来，即使是干旱的天气，弹涂鱼还是可以得到水份，以供呼吸之用。并且，弹涂鱼还会在泥洞里养育后代。泥洞给小鱼提供了必需的水源条件，等小鱼长大以后，就可以嘴中含口水到陆地上探险。

弹涂鱼之所以能在陆地上移动，是靠坚强有力的腹鳍支撑着身体，而演变的很好的胸鳍肌肉则把身体向前拉。弹涂鱼的腹鳍演化出吸盘，这有利于它稳固地停留在自己的位置上。弹涂鱼把鳍当成桨，像在海中划水一样，在泥上行走。

　　弹涂鱼是雌雄异体。由于弹涂鱼肝脏占的比例很大，成熟的雌雄弹涂鱼的体腹部在外观上均很大，所以不易判别性别，唯一判别其性别的的方法是仔细观察它的生殖孔。雄性弹涂鱼的生殖孔狭小延长呈尖状，雌性弹涂鱼的生殖孔红肿大而圆。雄性弹涂鱼的精巢有两条，淡红色，在腹部两侧。雌性弹涂鱼的卵巢呈黄色，卵为黏性卵。